Ni_3Al基单晶合金研究及应用

Research and Application of Ni_3Al-based Single Crystal Superalloy

蒋立武　著

化学工业出版社
·北京·

内容简介

本书系统概述了 Ni_3Al 基单晶合金在高性能航空发动机领域的研究现状及应用进展、Ni_3Al 基单晶合金的生长机理及取向控制、Ni_3Al 基单晶合金的凝固行为，重点介绍了 Ni_3Al 基单晶合金的疲劳性能、持久性能及蠕变性能，图表丰富，具有较强的科学性和新颖性。

本书可供从事先进航空发动机以及新型结构材料的科研、设计、制造、应用等技术人员参考，也可供高等院校材料科学与工程、飞行器动力工程等相关专业的师生阅读。

图书在版编目（CIP）数据

Ni_3Al 基单晶合金研究及应用 / 蒋立武著. -- 北京：化学工业出版社，2025. 8. -- ISBN 978-7-122-48295-2

Ⅰ. TG146. 1

中国国家版本馆 CIP 数据核字第 2025YS2892 号

责任编辑：曹家鸿　冉海滢　刘　军　　装帧设计：刘丽华

责任校对：李雨函

出版发行：化学工业出版社

（北京市东城区青年湖南街 13 号　邮政编码 100011）

印　　装：涿州市般润文化传播有限公司

710mm×1000mm　1/16　印张 8¼　字数 144 千字

2025 年 12 月北京第 1 版第 1 次印刷

购书咨询：010-64518888　　售后服务：010-64518899

网　　址：http://www.cip.com.cn

凡购买本书，如有缺损质量问题，本社销售中心负责调换。

定　　价：88.00 元

前言

随着航空工业的发展，航空发动机的结构性能不断提升，涡轮叶片的工作温度随之不断提高，对高温合金性能的要求也不断提高。目前，镍基单晶高温合金具有优良的高温力学性能，它能够满足涡轮叶片在苛刻条件下的使用要求，是先进航空发动机涡轮叶片和导向叶片的主要使用材料。第一代镍基单晶高温合金从 20 世纪 80 年代研制成功并投入使用以来，发展迅速，到目前已经发展了五代，合金元素的加入显著地促进了镍基单晶高温合金的发展和应用。但是，大量元素如 Ru、 Re 的添加使得合金的成本大大增加，且镍基单晶高温合金的使用温度已经达到其熔点的 90%，进一步提高使用温度的空间已极其有限，因此亟需研发一种使用温度更高、密度更低、性能更优越的新型高温结构材料来满足更高推重比的要求。

Ni_3Al 基单晶合金具有密度低、比强度高、抗腐蚀性能和高温性能好等特点，如取代镍基单晶高温合金作为航空发动机的热端部件（如导向叶片），具有减轻重量、提高合金承温能力、延长叶片使用寿命、降低材料成本等优势，具有广阔的航空工业应用前景。本书编者在多年高温结构材料研究工作的基础上，参考国内外相关研究工作，系统介绍了适应航空发动机高性能发展需求的 Ni_3Al 基单晶合金材料，以期为从事先进航空发动机以及新型结构材料的科研、设计、制造、应用等技术人员提供专业基础参考资料。

本书第 1 章介绍了单晶高温合金的发展现状、 Ni_3Al 基单晶合金的研究现状及应用进展。第 2 章详细介绍了 Ni_3Al 基单晶合金生长机理及取向控制。第 3 章介绍了 Ni_3Al 基单晶合金的凝固行为。第 4 ~ 6 章分别介绍了 Ni_3Al 基单晶合金的疲劳性能、持久性能和蠕变性能。第 7 章总结了 Ni_3Al 基单晶合金应用及展望。

本书的出版得到了国家科技重大专项（2017VI00120084）和国家自然科学基金（92060103）的经费支持，特此感谢。由于时间及水平有限，本书难免存在疏漏之处，敬请专家同行批评指正。

蒋立武

2025 年 1 月

目录

第1章 绪论

先进航空发动机的发展依赖于能满足其要求的高温合金材料。先进航空发动机的重要考核标准是高推重比、高燃油效率及使用寿命，实现这一目标的重要手段是提高涡轮前进口燃气温度。提高涡轮的燃气温度，能显著提升动力装置有效功率。例如，推力为35kN的涡轮发动机，若其燃气温度从1200℃提高到1350℃，则其单位推力可提高15%，而油耗率可降低8%。因此，先进航空发动机性能的不断提高，要求涡轮叶片、导向叶片等发动机热端部件必须具有很高的承温能力，即对热端部件用高温合金的热强性要求不断提高。涡轮叶片材料和工艺随涡轮前进口燃气温度提高的进展情况如图1.1所示。

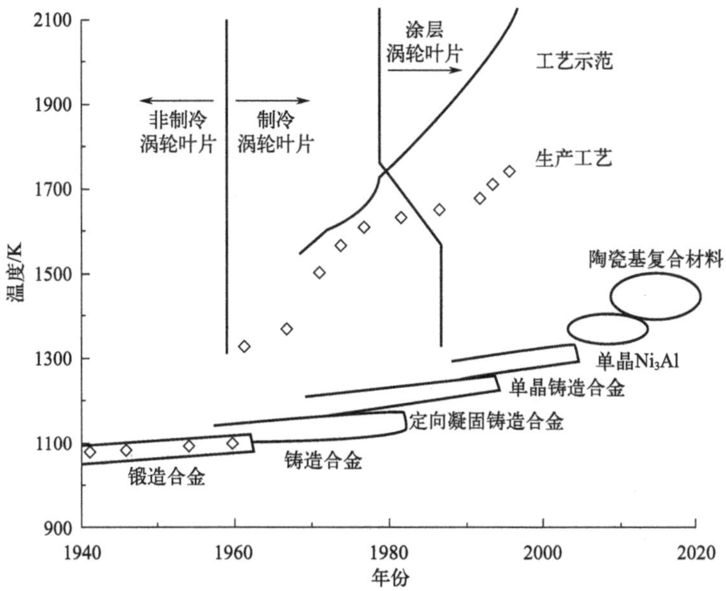

图1.1 涡轮叶片材料和工艺随涡轮前进口燃气温度提高的进展情况

随着燃气涡轮发动机的涡轮前进口燃气温度和推重比的不断提高，对材料提出了越来越高的要求，如推重比为 10 的航空发动机的设计进口燃气温度已达到 1850K 以上，其中依靠叶片本身的承温能力可达到 1373K。目前在燃气涡轮发动机中广泛应用的 Ni 基和 Co 基高温合金的最高使用温度已达合金熔点的 85%～90%，即已达到其使用温度的极限。若要再提高合金的服役温度将非常困难，因此必须寻求承温能力更高、比强度更优越的替代材料。

金属间化合物特殊的键性和原子长程有序排列状态以及由此导致的许多特性，使其成为一类具有广泛应用前景的高温结构材料。其中 Ni-Al 系金属间化合物具有优异的耐热性、高的比强度和优良的抗氧化性能，在航空航天发动机上具有良好的使用前景，引起国内外研究人员广泛兴趣，成为研究和开发的热点。Ni_3Al 具有作为高温结构材料的一系列优点，如延性好、高温强度高、抗氧化性好和密度低等。自从 1979 年 Aoki 和 Izumi 首次发现微量 B 元素可以显著提高 Ni_3Al 合金的室温塑性后，美国、苏联、日本以及中国等国家相继掀起了对高温金属间化合物的研究热潮，其中尤以 Ni_3Al 基合金的研究最为成熟，有望替代 Ni 基高温合金。

单晶叶片技术是 20 世纪 80 年代以来航空发动机的重大关键技术之一，其显著推动了航空发动机的进步。过去的几十年，发达国家广泛应用了第一代与第二代单晶高温合金，并研制成功了第三代、第四代与第五代单晶高温合金。目前，许多国家包括我国在内都把采用单晶合金叶片作为提高航空发动机性能的一个重要措施，如美国推重比为 10 的发动机 F119、F120、GE90 以及预研推重比为 10～20 的其他新型发动机都采用单晶合金作为叶片材料。

经过多年努力，英国、中国、俄罗斯等国先后研制出了一批以 Ni_3Al 为基的合金，典型的合金有美国的 IC-218、IC-328 和中国的 IC6、MX246。其中定向凝固 IC6 合金（Ni-7.8Al-14Mo-0.02B）具有密度低、高温持久性能高、塑性好、成本低等特点。其持久强度 $\sigma_{100h}^{1100℃} \geqslant 100MPa$，比俄罗斯的 BKHA-IY 和美国的 EX-7 高 20～25MPa。该合金已经在航空发动机导向叶片上应用，通过了 300h 发动机试验及近百小时飞行考验，在合金应用上居世界领先水平。但是在定向凝固生长过程和服役过程中的沿晶界热裂纹严重影响了叶片合格率及使用性能，为了进一步提高合金的使用温度及性能，通过单晶技术消除了 IC6 合金的定向晶界，得到了 Ni_3Al 基单晶合金 IC6SX。单晶合金 IC6SX 兼具金属间化合物和单晶合金的双重优点，具有成为率先应用于航空发动机的金属间化合物单晶合金的潜质。同国外先进水平相比，我国单晶合金在成分设计、制备工艺、性能水平和应用等方面还存在着一定差距，研制高性能单晶合金对我国航空工业的发展具有十分重要的意义。

1.1 单晶合金的发展现状

铸造合金的发展主要经历了三个阶段。第一阶段为 20 世纪中期以前的等轴晶合金时期。第二阶段为 20 世纪 60 年代后，对早期铸造多晶合金涡轮叶片的失效研究表明，其大多数裂纹主要是沿垂直于叶片主应力方向的横向晶界萌生和扩展。为消除横向晶界带来的不利影响，提高合金的高温强度，美国 Pratt & Whitney 公司首先提出了定向凝固技术，并开展了定向凝固高温合金技术的研究。第三阶段为 20 世纪 80 年代后，为了进一步消除晶界，去除容易产生裂纹的裂纹源，提高合金的热疲劳性能和蠕变性能，单晶技术逐渐发展起来，单晶合金的研究发展进一步推动了航空发动机的进步，经过几十年的发展，世界各国已经在单晶合金的研究上取得了巨大进步。

1.1.1 镍基单晶高温合金的发展历程

20 世纪 70 年代末，Gell 等研究并提出了发展新型单晶合金的原则，去除 C、B、Zr、Hf 等降低合金初熔点的元素，同时增加难熔元素 Ta 的含量，提高合金的固溶温度，从而成功研制了承温能力比定向合金 PWA1422 高 25～50℃的第一代单晶高温合金 PWA1480，从此，掀起了单晶合金的研究热潮并取得了突破性进展。单晶高温合金每提升一代，其承温能力约提高 30℃，同时其高温力学性能也得到了很大的提高。美国、英国、法国、俄罗斯等国相继研制了性能与 PWA1480 相近的 CMSX-2、SRR99、AM3、Rene N4 等合金，这些合金成分相似，性能相近，被称为第一代单晶高温合金。随着合金设计水平的提高，在第一代单晶高温合金的基础上添加 3%左右的 Re，发展出了第二代单晶高温合金，如 CMSX-4、PWA1484、MC2、Rene N5 等单晶合金。第三代单晶高温合金中添加了更高含量的 Re，高达 6%左右，如 CMSX-10、CMSX-11、Rene N6、TMS-75 等单晶合金。Re 元素的添加与否及含量成为单晶高温合金划分的标志。Ru 元素的添加可以进一步提高合金的性能，相继发展出来含 Ru 的第四代和第五代单晶高温合金，如 MC-NG、TMS-138、TMS-162 和 TMS-196。

在国外对单晶合金进行研制和应用的同时，我国也对单晶合金的成分和工艺进行了广泛的研究，研制成功了一系列单晶合金。其中包括北京航空材料研究院研制的第一代低成本单晶合金 DD3，以及含 Re 的第二代单晶合金 DD6。中国科学院金属研究所研制了用于燃气涡轮的抗腐蚀单晶合金 DD8。世界上镍基单晶高温合金已经发展了五代，典型单晶高温合金的成分见表 1.1。

表 1.1 典型单晶高温合金的成分（质量分数）

项目	合金	国别	成分/%											
			Cr	Co	Mo	W	Al	Ti	Nb	Ta	Re	Ru	Hf	其他	Ni
第一代	PWA1480	美国	10	5	—	4	5	1.2	—	12	—	—	—	0.07C①	余
	PWA1483	美国	12.2	9.0	1.9	3.8	3.6	4.1	—	5	—	—	0.5	0.008B①	余
	RR2000	英国	10	15	3	—	3.7	4.2	0.5	4	—	—	—	—	余
	SRR99	英国	8.0	5	—	10	5.5	2.2	—	3	—	—	—	—	余
	AM1	法国	8.0	6	2	6	5.2	1.2	—	9	—	—	—	—	余
	AM3	法国	8	6	2	5	6	2	—	4	—	—	—	—	余
	CMSX-2	美国	8.0	5	6	8	5.6	1	—	6	—	—	—	—	余
	CMSX-3	美国	8.0	5	6	8	5.6	1	—	6	—	—	—	—	余
	CMSX-6	美国	10	6	3	—	4.8	4.7	—	2	—	—	—	—	余
	ЖC32	俄罗斯	5	9	1.1	8.5	6	—	1.6	4	4	—	—	0.15C① 0.015B①	余
	DD3	中国	9.5	5	3.8	5.2	5.9	2.1	—	—	—	—	—	—	余
	DD8	中国	16	8.5	—	6	2.1	3.8	—	—	—	—	—	—	余
第二代	PWA1484	美国	5	10	2	6	5.6	—	—	9	3	—	0.1	—	余
	CMSX-4	美国	6.5	9	0.6	6	5.6	1	—	6.5	3	—	—	—	余
	Rene N5	英国	7	8	2	5	6.2	—	—	7	3	—	—	0.05C① 0.04B① 0.01Y①	余
	MC2	法国	8	5	2	8	5	1.5	—	6	—	—	—	—	余
	ЖC36	俄罗斯	4.2	8.7	1	12	6	1.2	1	—	2	—	—	—	余
	DD6	中国	4.3	9	2	8	5.6	—	0.5	7.5	2	—	0.1	—	余

续表

项目	合金	国别	成分/%											
			Cr	Co	Mo	W	Al	Ti	Nb	Ta	Re	Ru	Hf	其他	Ni
第三代	CMSX-10	美国	2	3	0.4	5	5.7	0.2	0.1	8	6	—	0.03	0.02C	余
	Rene N6	美国	4.2	12.5	1.4	6	5.75	—	—	7.2	5.4	—	0.15	0.05C① 0.04B① 0.01Y①	余
	TMS-75	日本	3	12	2	6	6	—	—	6	5	—	0.1	—	余
	TMS-82	日本	5	7.8	3.4	8.7	5.2	0.5	—	4.4	2.4	—	0.1	—	余
第四代	MC-NG	法国	4	<0.2	1	5	6	0.5	—	5	4	4	0.1	—	余
	TMS-138	日本	2.9	5.9	3.0	5.9	6	—	—	5.6	5	2	0.1	—	余
第五代	TMS-162	日本	2.9	5.8	4	5.8	6	—	—	5.6	5	6	0.1	—	余
	TMS-196	日本	4.6	5.6	2.4	5.0	5.6	—	—	5.6	6.4	5.0	0.1	—	余

① 同一种合金同时存在的元素；B、C、Y 分别为硼、碳、钇元素。

1.1.2 单晶合金的强化特点

单晶合金的显微组织比较简单，主要包括基体 γ 相和与之共格的 γ' 沉淀相，其强化方式主要为固溶强化和第二相沉淀强化。

1.1.2.1 固溶强化

单晶合金的基体 γ 相中固溶了大量的合金元素，如 Cr、Mo、W、Ta 和 Re 等元素，这些元素具有良好的固溶强化作用，但是强化方式略有不同，无论溶质以置换还是间隙方式固溶，其实质在于合金元素对位错滑动的阻碍作用，包括元素对位错的钉扎作用、元素与位错的化学交互作用、元素与位错的电化学交互作用、固溶元素周围的应力场对位错滑动的阻碍作用等。合金元素在固溶体中的浓度越高，强化越好；引起的晶格畸变程度越大，强化越好。Cr、Mo、W、Ta 和 Re 等元素在单晶合金中的加入能增加晶格畸变程度，提高原子间结合力，提高原子的扩散激活能，降低合金元素的扩散系数，使位错在基体 γ 相中滑动激活能增加，起到强化效果。

1.1.2.2 第二相沉淀强化

单晶合金的沉淀强化主要是由于生成了共格稳定的金属间化合物，γ' 相是单晶合金中的最主要的沉淀强化相，其强化作用取决于 γ' 相的数量、尺寸及分布等。强化机制主要包括共格应变强化、位错绕过机制及位错切过机制等。

(1) 共格应变强化

点阵常数具有一定错配度的两部分晶体保持共格，必然造成畸变场，此共格畸变场与位错应变场之间的相互作用造成共格强化。对于沉淀强化型单晶高温合金来说，γ' 相与基体 γ 相的晶格常数不同，存在一定的晶格错配度，起到共格应变强化效果。强化效果对临界分切应力的贡献可用以下方程表示：

$$\tau_{c\varepsilon} = 2.6(\varepsilon G)^{\frac{3}{2}}(\overline{r}fb/T)^{\frac{1}{2}} \tag{1.1}$$

式中 ε——γ'/γ 相晶格错配度；

G——剪切模量；

$\overline{r}$——γ' 相的平均半径；

f——γ' 相的体积分数；

b——位错的柏氏矢量；

T——位错线张力。

从此方程可以看出，γ'/γ 相晶格错配度越大，体积分数越大，强化效果越显著。

(2) 位错绕过机制

运动中的位错在滑移面上受到第二相质点的阻碍时，由于质点不同于基体，在质点周围形成应力场，这些局部的内应力对位错有阻碍作用，但这种阻碍作用能够发生的条件是位错有“柔性”，也就是位错可以沿着质点引起的应力场弯曲，而取得最小的位能。单晶高温合金中 γ' 相的第二相沉淀强化可使位错发生绕过，位错弯曲的平衡条件是：

$$\tau=\frac{\mu b}{2r} \tag{1.2}$$

式中 τ——切应力；

b——位错的柏氏矢量；

r——曲率半径；

μ——切变模量。

位错绕过第二相粒子的示意图如图 1.2 所示。

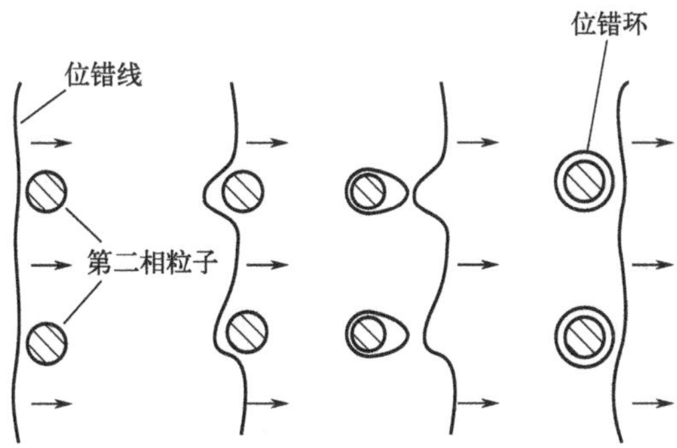

图 1.2　位错绕过第二相粒子的示意图

(3) 位错切过机制

某些特定条件下，位错可以切过 γ' 相，使之随同基体一起变形，如图 1.3 所示。在这种情况下，强化作用主要取决于粒子本身的性质以及与基体的联系，其强化机制复杂，且因合金而异，其主要作用如下：

① 位错切过 γ' 相时，γ' 相产生宽度为 b 的表面台阶，由于出现了新的表面积，使总的界面能升高。

② 因为 γ' 相是有序结构，所以位错切过 γ' 相时会打乱滑移面上下的有序排列，产生反相畴界，引起能量升高。

③ 由于 γ' 相与基体 γ 相的点阵常数不同，故而位错切过 γ' 相时必然在其滑移面上引起原子的错排，需要额外做功，给位错运动带来困难。

④ 由于 γ' 相的层错能与基体 γ 相不同，当扩展位错通过后，其宽度会发生变化，引起能量升高。

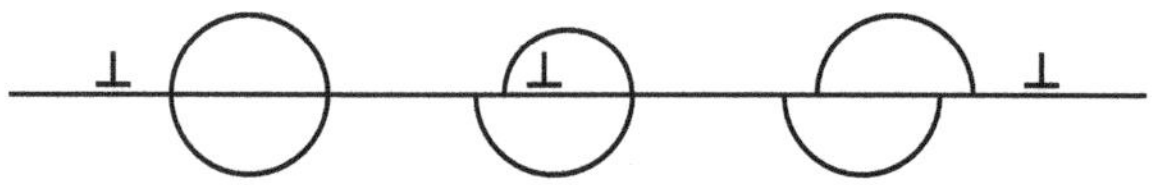

图 1.3 位错切过粒子的示意图

1.2 单晶合金制备工艺研究现状

1.2.1 定向凝固技术的发展

在过去的几十年中，涡轮入口的温度提高了 450℃以上，其中 30%的提高是由于合金的发展和制造工艺的进步。在制造技术方面，采用了更先进的工艺技术，包括净化合金的冶炼技术和定向及单晶铸造工艺。定向凝固工艺主要是在凝固过程中，通过工艺参数的控制使金属溶液中的热量从合金已凝固相导出，且要保持热流方向与固液界面垂直，更重要的是控制固液界面液相一侧的温度梯度，所以人们都致力于提高定向凝固中的温度梯度，定向凝固技术的发展是不断提高温度梯度的过程。大的温度梯度一方面可以得到理想的合金组织和性能，另一方面又可以允许加快凝固速率，提高生产效率。高温合金制备现在主要采用 Bridgman 定向凝固技术，但更早时期也采用过发热剂法和功率降低法定向合金。

(1) 发热剂法（EP 法）

发热剂法是定向凝固工艺中最原始的一种，为了制造一个温度梯度，零件模壳放在水冷铜底座上，并在顶部加发热剂。这种工艺生产成本低，但无法保证重复性，难以生产高质量的发动机高温合金叶片，已经不再被采用。

(2) 功率降低法（PD 法）

零件模壳放在水冷底座上，石墨感应发热器放在分上下两部分的感应圈内，加热时上下两部分感应圈全通电，在模壳内建立起所要求的温度场，然后浇入过热的合金溶液，而后下部感应圈断电，通过调节上部感应圈的功率，使之产生一个轴向温度梯度。这种工艺的温度梯度很小，在 10℃/cm 左右，因此制备合金叶片的长度受到限制，定向组织差，甚至产生放射性凝固组织，已经不再被采用。

(3) 高速凝固法（HRS 法）

为了改善热传导条件，提高温度梯度，后来发展了高速凝固法。其装置在功率降低法的基础上增加了抽拉机构，可使零件模壳以一定速率向下移动。随着合金凝固，模壳以预定的速度经过感应器底部的辐射挡板，从加热器中向下移出，为了得到优质的凝固组织，使固液界面保持在挡板附近。高速凝固法是现在定向及单晶高温合金叶片制备的主要方法，温度梯度在 30～80℃/cm，其装置如图 1.4 所示。

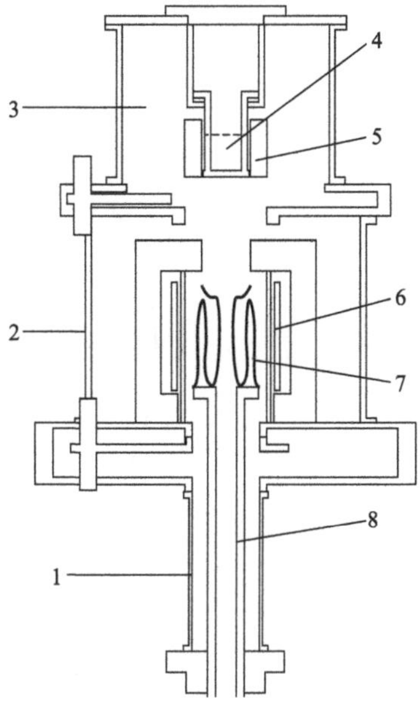

图 1.4　高速凝固法装置图

1—拉模室；2—模室；3—熔室；4—母合金；5—水冷底座；6—加热器；7—模壳；8—水冷

(4) 液态金属冷却法（LMC 法）

液态金属冷却法是一种新型的定向凝固技术，以液态金属代替水作为模壳的冷却介质，模壳移出辐射挡板后，直接浸入液态金属冷却剂中，散热大大增强，以致在感应器底部迅速发生热平衡，生成很高的温度梯度，几乎不依赖浸入速度。液态金属冷却法还没有广泛应用于高温合金叶片的制备，其温度梯度可达 100～300℃/cm，其装置如图 1.5 所示。

1.2.2　单晶合金的制备方法

单晶合金的制备主要是应用定向凝固工艺，采用选晶法和籽晶法得到所需合金的单晶组织。

1.2.2.1　选晶法

选晶法是现在普遍应用的单晶制备方法，选晶法的原理是通过一个特定形状的生长通道，利用温度场与生长通道形状的耦合作用，使所制备合金不同晶体取向的晶粒在通道内激烈竞争生长，最后只有一个晶粒得以通过选晶器，长满模壳型腔得到单晶组织。常见的单晶选晶器类型如图 1.6 所示，分为 4 种类型：转折选晶器、角度选晶器、螺旋选晶器和尺度限制型选晶器。选晶器在单晶合金制备工艺中的位置如图 1.7 所示。螺旋选晶法是单晶高温合金叶片制备中最基本的工艺方法，而且是目前工艺最成熟的单晶制备技术，已经被广泛应用于生产各种单晶材料。

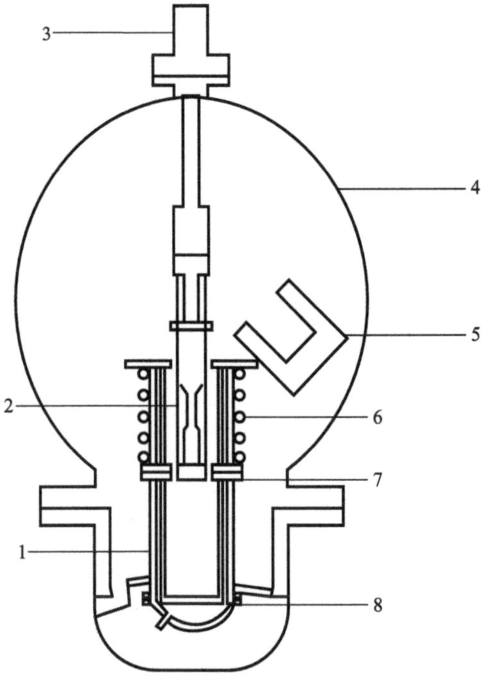

图 1.5　液态金属冷却法装置图

1—液态金属；2—模壳；3—浸入机构；4—真空室；5—坩埚；6—加热线圈；7—挡板；8—水冷

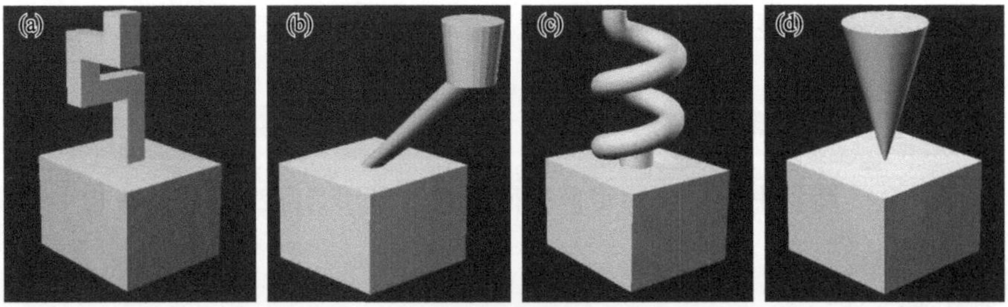

图 1.6　常见的单晶选晶器类型

(a) 转折选晶器；(b) 角度选晶器；(c) 螺旋选晶器；(d) 尺度限制型选晶器

1.2.2.2　籽晶法

籽晶法制备单晶合金的原理是在与激冷铜板接触的模壳底部放置一定晶体取向的籽晶，籽晶的成分与所制备单晶体的成分既可以一致，也可以不一致。当高温的合金液与低温的籽晶接触时，籽晶的上部局部熔化，形成完全熔化区和半固态熔融区，完全熔化区的籽晶合金和液态高温合金充分扩散混合达到成分均匀。当单晶生长开始后，随着模壳的向下移动，在定向热流的作用下，通过籽晶的引晶作用，籽晶中的枝晶外延生长，最终得到单晶取向与籽晶取向一致的单晶体。

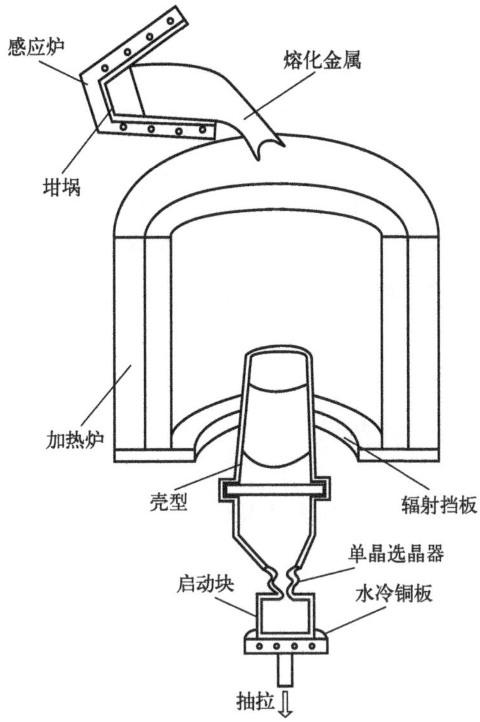

图 1.7　选晶器在单晶合金制备工艺中的位置

工业生产中常见的籽晶法制备单晶合金有底注法和顶注法两种，如图 1.8 所示。籽晶法能够精确控制单晶合金的晶体取向，制备精度高，但如果工艺控制不当，容易形成杂晶，相对于选晶法，籽晶法的工艺要求更加严格。

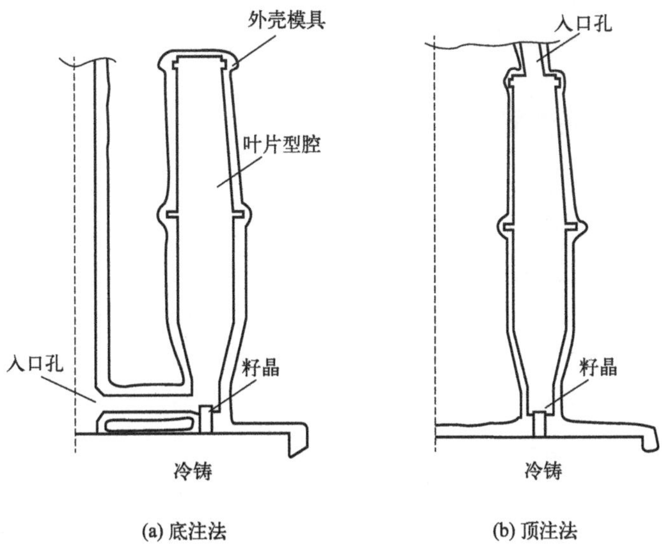

图 1.8　籽晶法制备单晶合金的两种方法

1.2.2.3 籽晶+选晶法

选晶法的优点是工艺简单，不易产生杂晶，但缺点是只能制备合金择优生长取向的单晶组织，晶体取向得不到控制。籽晶法的优点是可以精确控制晶体取向，但缺点是成本比较高，工艺复杂，容易产生杂晶，控制难度大。综合考虑选晶法和籽晶法的优缺点，如果将二者结合起来，在选晶器起始端放置一个与所希望制得的单晶体具有相同取向的籽晶，通过选晶器后尽可能消除杂晶，就可能制得与籽晶具有完全相同三维取向的单晶铸件。这种方法的研究目前刚刚开始，至今相关报道较少。

1.3 单晶合金晶体取向控制

单晶合金的性能强烈依赖于合金的晶体取向，在单晶合金的制备过程中，晶体取向的控制至关重要。

1.3.1 选晶法对晶体取向的影响

选晶法被认为是可以获得＜001＞晶体取向单晶合金的最简单制备工艺，螺旋选晶法由于其选晶效果明显被广泛应用。但近期有学者研究表明，螺旋选晶过程中的晶粒竞争淘汰与晶体取向无关，只是随机淘汰没有生长空间的晶粒。图1.9给出了螺旋选晶段不同位置处的晶粒取向状态模拟图，可见螺旋选晶淘汰得到的晶粒并不是取向偏离热流方向最小的晶粒，说明螺旋选晶过程没有晶体取向的筛选作用。北京航空材料研究院的陈荣章采用双温度场的特殊选晶器，使晶体在横向和纵向均实现晶体取向的控制。

1.3.2 籽晶法对晶体取向的影响

籽晶法生长单晶合金对于晶体取向的控制精度高，并能精确控制单晶合金的三维取向，但是工艺复杂，影响因素众多，不易掌握，故而还没有广泛应用于单晶合金的工业制备。在籽晶法生长单晶合金的过程中，在充分控制好各生长因素的前提下，只要籽晶的晶体取向与温度梯度的方向一致，就能使籽晶外延生长，获得与籽晶晶体取向严格一致的单晶体。由于籽晶法独有的晶体取向控制的优越性，大多数实验室均采用籽晶法控制单晶合金的晶体取向，从而获得所需晶体取向的单晶体。

研究发现，在凝固的初期，籽晶由于模壳热传导发生熔化，在拉晶开始的瞬间，易在籽晶周围形成大量无规则取向的晶核，随着拉晶的进行，这些晶核沿着表面生长形成杂晶，如图1.10所示。Yang等研究表明，籽晶的枝晶形态与坩埚

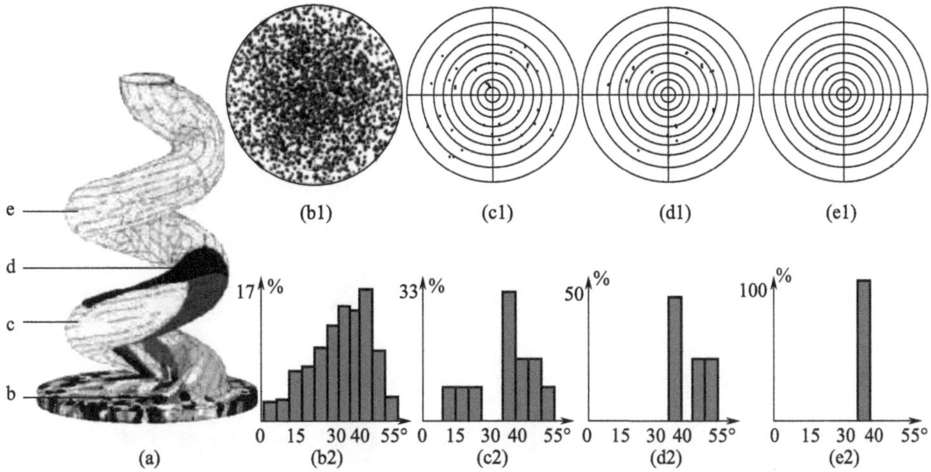

图 1.9　螺旋选晶段不同位置的晶体取向状态模拟图（a）；距离螺旋选晶段底端不同位置处的晶粒取向<001>极图，（b1）1mm，（c1）6.25mm，（d1）11.5mm，（e1）16.75mm；不同位置处晶粒取向偏离热流夹角的平均值（b2）～（e2）

（图片引自：Dai H J，Gebelin J C，Newell M，et al.，2008）

壁的偏角对杂晶的形成与长大影响显著，如图 1.11 所示，籽晶的枝晶取向偏向坩埚生长时，杂晶的形成得到抑制；籽晶的枝晶取向平行坩埚生长时，部分杂晶形成；籽晶的枝晶取向偏离坩埚生长时，杂晶形成较多，并能显著生长。杂晶的形成对单晶的生长取向影响显著，所以，采用籽晶法生长单晶合金时要尽量消除杂晶的产生。

籽晶法的另一个难点是籽晶的制备，理想晶体取向籽晶的制备非常困难，需要在已知晶体取向的优质单晶体上定向切取。

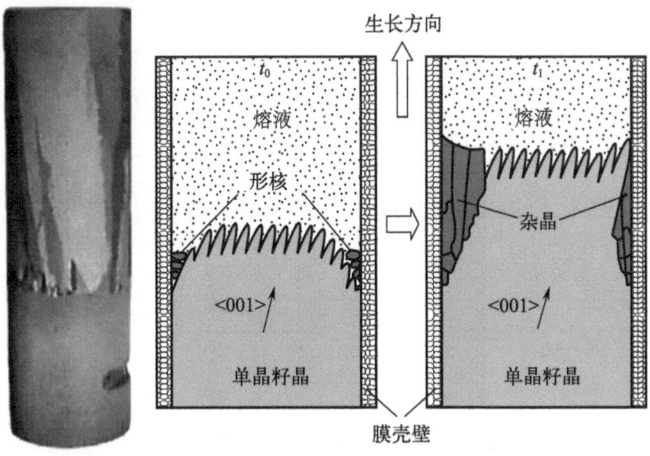

图 1.10　籽晶法生长合金过程中杂晶的产生机制

（图片引自：D'souza N，Jennings P A，Yang X L，et al.，2005. Stanford N，Djakovic A，Shollock B，et al.，2004）

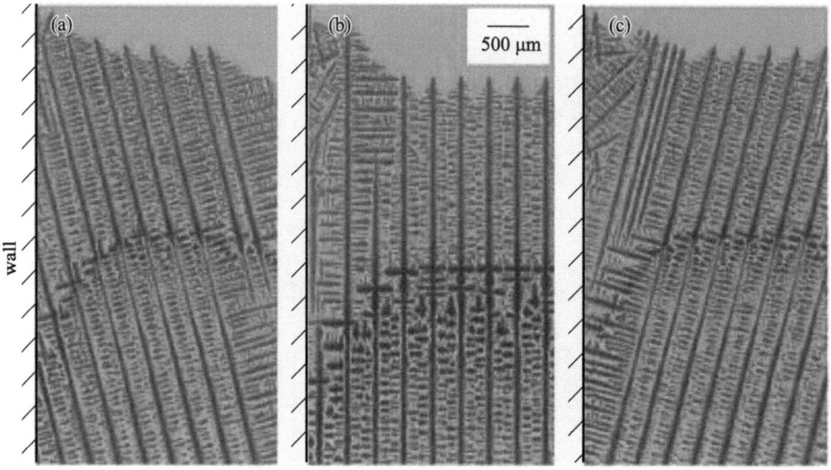

图 1.11　籽晶的枝晶取向对杂晶的影响

(a) 籽晶枝晶偏向坩埚壁；(b) 籽晶枝晶平行坩埚壁；(c) 籽晶枝晶偏离坩埚壁

(图片引自：Yang X L，Lee P D，D' Souza N，2005)

1.3.3　温度梯度对晶体取向的影响

温度梯度对单晶合金晶体取向的影响一直被各国学者所重视，在 CMSX-4 的定向凝固研究中，通过改变籽晶下端金属层的激冷效果来改变凝固界面的温度梯度，发现激冷效果越差，界面的曲率半径越小，温度梯度越小，取向偏离度越大。但是有研究者用 γ 射线对晶体亚晶粒的衍射表明，在相同的温度梯度下若凝固速率增大，与轴向偏离的亚晶粒总数量有所减少，晶粒取向分散度增大；在较低凝固速率下，温度梯度增加，亚晶粒的分散度减小 [图 1.12(a) 和 (c)]；但较高凝固速率下，温度梯度的增加反而使亚晶粒取向分散度增大 [图 1.12(b) 和 (d)]。另外，发现在较高的温度梯度下，枝晶生长方向随生长速度的加快向择优取向偏转的速率减慢。

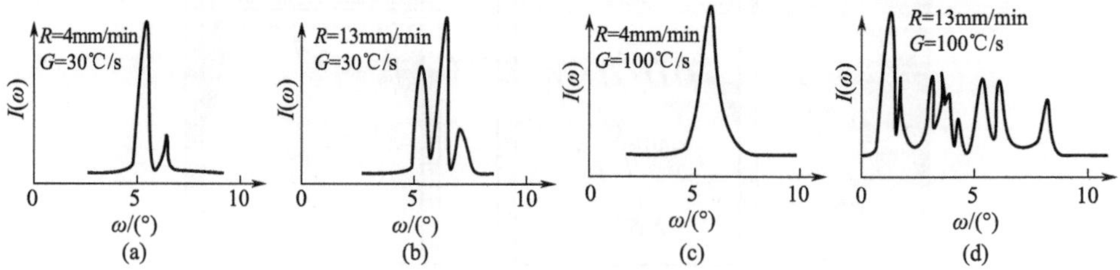

图 1.12　亚晶粒的 γ 射线衍射图

(图片引自：Madeleine，1998)

1.4 Ni_3Al 基合金的研究现状及应用进展

1.4.1 Ni_3Al 金属间化合物的晶体结构

在 Ni-Al 二元系中除了 Ni 和 Al 的固溶体外，还存在 5 种稳定的二元化合物，分别为 Ni_3Al、NiAl、Ni_5Al_3、Ni_2Al_3 和 $NiAl_3$。其中，Ni_3Al、Ni_2Al_3 和 $NiAl_3$ 是通过包晶反应形成的，Ni_5Al_3 是通过包析反应形成的，而 NiAl 是通过匀晶转变形成的。除了 NiAl 单相区存在一个较宽的成分范围［45%～60%(原子分数)Ni］外，其他化合物的成分范围均较窄，尤其 $NiAl_3$ 只存在化学计量比的一种成分。这些有序化合物的结构类型、晶格参数及空间群情况列于表 1.2 中。

表 1.2 Ni-Al 二元系中有序化合物的晶体结构

相	结构类型	晶格常数/nm	空间群
Ni_3Al	有序面心立方 $L1_2$	$a=0.3589$	Pm3m
NiAl	有序体心立方 B_2	$a=0.2887$	Pm3m
NiAl(马氏体)	有序面心立方 $L1_0$	$a=0.383, c=0.3205$	P4/mmm
Ni_2Al	有序六方 CdI_2	$a=0.407, c=0.499$	P3m1
Ni_5Al_3	有序正方 Pt_5Ag_3	$a=0.753, b=0.661, c=0.376$	Cmmm
Ni_2Al_3	有序六方 $D5_{13}$	$a=0.4036, c=0.490$	P3m1
$NiAl_3$	有序正方 $D0_{20}$	$a=0.6598, b=0.7352, c=0.4802$	Pnma

在 Ni-Al 系形成的多种金属间化合物中 Ni_3Al 因其熔点高一直受到高温材料研究工作者的关注，并被普遍认为是最有希望作为高温结构材料获得应用。Ni_3Al 在熔点以下都呈有序的 $L1_2$ 型晶体结构，如图 1.13 所示。Ni 原子占据 Ni_3Al 单胞的面心位置，而 Al 原子占据单胞的顶角位置，其晶格常数为 0.3589nm。

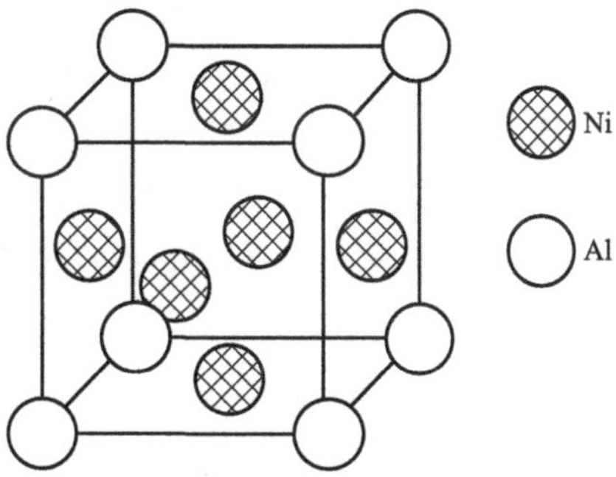

图 1.13 Ni_3Al 的晶体结构

$L1_2$ 结构是最基本的面心立方有序衍生结构，图 1.14 为其（111）密排面上的原子排列。（111）面按 ABCABC……顺序堆垛，（111）密排面上的 B 原子呈三角形有序分布，有 $\boldsymbol{b}_A$、$\boldsymbol{b}_C$ 和 $\boldsymbol{b}_S$ 三种位移矢量，分别是形成反相畴界（APB）、复杂层错（CSF）和内禀层错（SISF）的位移矢量。$\boldsymbol{b}_A=\frac{1}{2}[\bar{1}10]$，$\boldsymbol{b}_C=$

$\frac{1}{6}[\bar{2}11]$，$\boldsymbol{b}_S=\frac{1}{3}[\bar{1}2\bar{1}]$，$\frac{1}{2}\langle 110\rangle$ 滑移将在 {001} 面上产生 APB。$\boldsymbol{b}'_A$、$\boldsymbol{b}'_C$和$\boldsymbol{b}'_S$在晶体学上与 $\boldsymbol{b}_A$、$\boldsymbol{b}_C$ 和 $\boldsymbol{b}_S$ 等效。

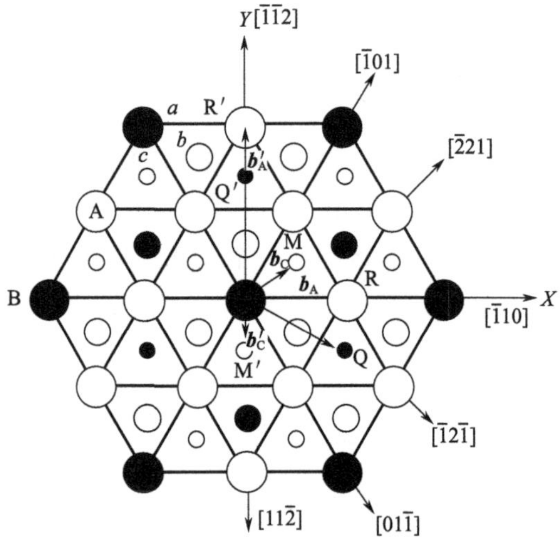

图 1.14　Ni_3Al (111) 密排面上的原子排列结构

1.4.2　Ni_3Al 的反常强度-温度关系

具有 $L1_2$ 结构的金属间化合物可分为两种：一种为 Kurnakoy 型，如 Ni_3Mn、Ni_3Fe 等，这种金属间化合物类似于纯面心立方金属，表现出正常的强度-温度关系，即屈服强度随温度的升高而下降；另一种 $L1_2$ 结构的金属间化合物为 Bertnollide 型，如 Ni_3Al、Ni_3Ga、Ni_3Si 和 Ni_3Ge 等，这种金属间化合物的屈服强度随温度的升高而升高，即表现出反常的强度-温度效应。Ni_3Al 反常的屈服现象在 1957 年 Westbrook 进行硬度测试时就已发现。表现出反常的屈服强度-温度关系的 $L1_2$ 金属间化合物 Ni_3Al 主要具有以下特点：

① 流变应力随温度的升高而增加，增加到峰值后随温度进一步升高而下降。

② 在反常的流变应力-温度关系区间内，Ni_3Al 的变形是通过 {111}⟨$\bar{1}$01⟩ 滑移系的开动而实现的。

③ 在峰值温度以上，由 {010}⟨011⟩ 滑移系开动而产生变形。但对单晶体(CRSS)，当应力轴接近 ⟨001⟩ 时，在峰值温度以上仍为 {111}⟨$\bar{1}$01⟩ 滑移系开动。

④ 在反常的屈服强度-温度区间内，位错主要为处于八面体面 {111} 上的长、直 ⟨$\bar{1}$01⟩ 螺位错。

⑤ 在峰值温度以下，{111}⟨$\bar{1}$01⟩ 滑移系开动的 CRSS 与应变速率的关系不

大。但在峰值温度以上，{111}⟨$\bar{1}$01⟩ 滑移系开动的 CRSS 随应变速率的增加而大幅度增加。

⑥ {111}⟨$\bar{1}$01⟩ 滑移系开动的 CRSS 与应力轴的方向无关，但在峰值温度以下其 CRSS 与温度关系的形状与拉伸（压缩）轴的晶体取向有关。

1.4.3 单晶 Ni_3Al 的室温及高温变形行为

单晶 Ni_3Al 的滑移系与外加应力的方向有关，当以 [$\bar{1}$11] 和 [$\bar{1}$23] 为压缩轴时从低温到高温只有 {100}⟨110⟩ 滑移系开动，但以 [001] 为压缩轴时，在低温时 {111}⟨110⟩ 滑移系开动，随温度升高 {100}⟨110⟩ 滑移系开动。在低温时 (111)[$\bar{1}$01] 滑移系开动的 CRSS 随温度的升高而迅速增加，但在高温时基本为常数。而 (001)[$\bar{1}$10] 滑移系开动的 CRSS 随温度的降低而迅速增加外，在 400K 以上略有增加。

单晶 Ni_3Al 的 CRSS 以及 CRSS 随温度的变化关系与晶体取向有关。在沿 ⟨110⟩ 方向拉伸/压缩时，其临界分切应力最大，而沿 ⟨111⟩ 方向时临界分切应力最小。图 1.15 所示为在一定应变速率下沿 (111)[101] 方向的临界分切应力

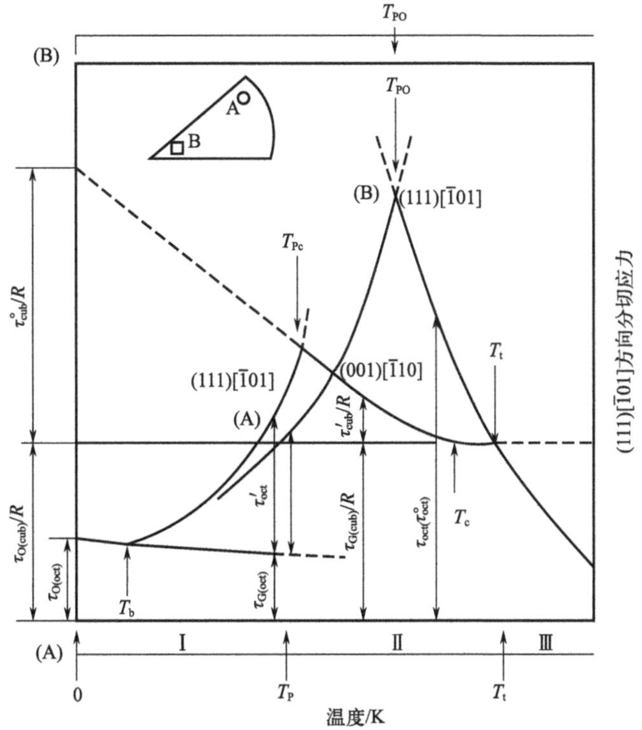

图 1.15 沿 (111) [101] 方向的临界分切应力与温度的变化关系

与温度的变化关系。从图中可以看出，晶体取向对 Ni_3Al 峰值温度 T_P 有很大影响，(A) 为晶体取向远离 [001] 而靠近 [111] 方向，(B) 为晶体取向远离 [111] 而靠近 [001] 方向。对于靠近 [001] 的 (B) 晶向在峰值温度以后仍为 (111)[$\bar{1}$01] 滑移系开动，而远离 [001] 晶体取向时，在峰值温度以上以 (001)[$\bar{1}$01] 滑移系开动为主。

1.4.4 Ni_3Al 基合金中合金元素的作用

W、Mo：可大幅度地提高 Ni_3Al 基合金的高温抗拉强度和持久性能，W 和 Mo 同时加入要比单独添加 Mo 的强化效果好，但 W 和 Mo 的加入会降低合金的塑性。

Re：强固溶强化元素，可显著提高 Ni_3Al 基合金的蠕变抗力，但 Re 的添加促进 TCP 相的析出。

Ru：可以显著抑制 TCP 相（拓扑密堆相）的析出，有效提高合金的蠕变性能。

Zr：Ni_3Al(Zr) 合金在 700～1050℃之间存在低塑性区，无论在空气还是在真空中，都表现出脆性的沿晶断裂，塑性很低。活性元素 Zr 能够与氧原子相互作用，减少裂纹沿晶界扩展，改善合金的高温塑性。

Hf：代替 Zr 可进一步强化合金，同时显著改善合金的塑性，使合金的室温和高温塑性均维持在 10%左右的水平。

Cr：强化 Ni_3Al 基合金的常用元素，具有固溶强化作用，能在一定程度上提高合金的强度和延展性，但固溶强化程度不强。Cr 元素的添加主要是提高合金的抗氧化性能，但也有学者认为在一定条件下，Cr 元素的添加使合金表面氧化膜易破裂，抗氧化性能下降。

C：大大提高合金的室温和高温强度，具有良好的摩擦学性能。石墨是一种良好的固体润滑剂，在 Ni_3Al 合金中引入石墨，可获得新型 Ni_3Al/石墨高温固体自润滑材料，合金在抗高温耐磨的基础上增加了自润滑功能，石墨呈球状分布，提高了 Ni_3Al/石墨合金的冲击韧性。

Ti：γ'相形成元素，在 γ'相内弥散分布而使 γ'相得到强化，也可与 Ni 形成有序的面心立方金属间化合物 Ni_3Ti，起沉淀强化作用。

B：可以增加 Ni_3Al 基合金的流动性，提高合金的可铸性，同时 B 元素可大大改善合金的脆性，提高合金的室、高温塑性。

1.4.5 Ni_3Al 基合金的力学性能

俄罗斯研究人员发现：Ni_3Al 基合金 ЖС6Ф 在 975℃/270MPa 下的持久性能具有明显的各向差异，如表 1.3、图 1.16 和图 1.17 所示。[111] 取向的蠕变抗力比 [001] 取向高，[011] 取向蠕变抗力最低。[111] 取向和 [001] 取向的室温瞬时强度相当，明显优于［011］取向。高温瞬时强度［111］取向最大，［011］取向和［001］取向相当。合金在1100℃下的持久寿命大于其在975℃下的，说明合金在高温下具有更加优异的蠕变性能。相同条件下，［111］取向的持久寿命是［001］取向的3倍多。［001］取向的热疲劳强度明显高出其他取向，其热疲劳循环次数几乎是［011］和［111］取向的6倍。

表1.3　Ni_3Al基合金ЖC6Φ性能数据

晶体取向	瞬时强度/MPa		持久寿命/h		热疲劳性能
	20℃	1050℃	975℃/120MPa	1100℃/120MPa	$t_{加热}=t_{冷却}=1min$
［001］	1040	450	46	48	600
［011］	754	445			100
［111］	1103	530	130	160	100

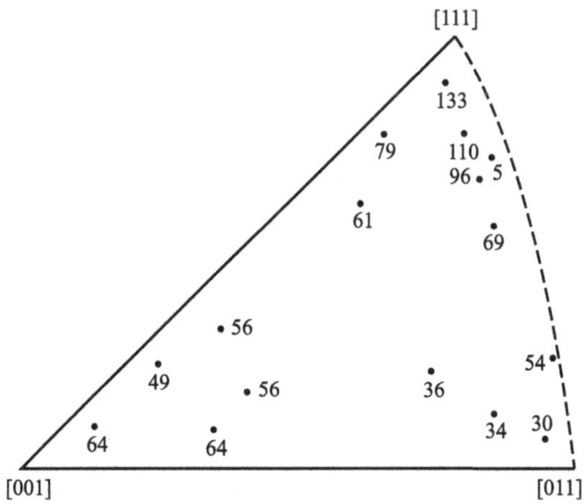

图1.16　Ni_3Al基合金ЖC6Φ的持久性能与取向的关系（975℃，270MPa）

图中的位置点表示试样的晶体取向，数字是该试样的持久寿命（单位为h）

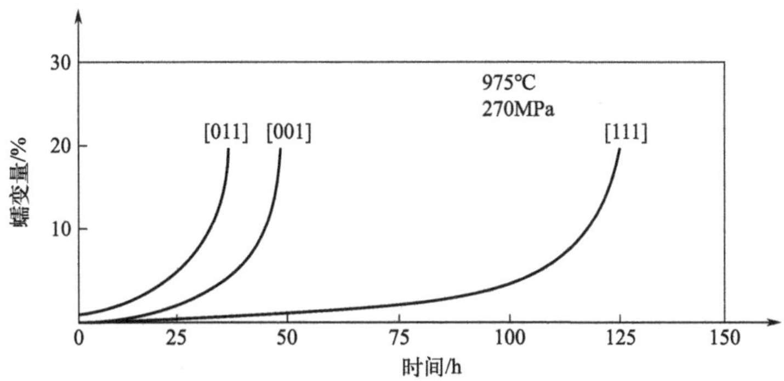

图1.17　Ni_3Al基合金ЖC6Φ的蠕变性能与取向的关系（975℃，270MPa）

王开国对单晶合金 DD6 蠕变性能进行了系统研究，发现 760℃下［111］取向的合金蠕变性能显著优于［001］和［011］取向的合金蠕变性能，850℃下［001］取向的合金蠕变性能显著优于［011］和［111］取向的合金蠕变性能，1070℃下合金的蠕变性能按［111］、［011］、［001］取向递减。还发现随着蠕变量增加，特别在蠕变量较大时，［001］取向的合金蠕变强度明显高于［011］和［111］取向的合金蠕变强度。在蠕变量 0.1％、0.2％ 和 0.5％的蠕变应力寿命曲线上分别存在某个蠕变寿命值，当蠕变寿命小于该值时，［001］取向的合金蠕变强度高于［011］和［111］取向的合金蠕变强度；当蠕变寿命大于该值时，［001］取向的合金蠕变强度低于［011］和［111］取向的合金蠕变强度。

1.4.6 Ni_3Al 基合金的制备工艺

Ni_3Al 基合金的熔点高，高温流动性相对较差，Al 元素和其他合金元素的熔点相差很大，在有氧气氛熔炼时易被氧化。Ni_3Al 基合金在熔炼过程中发生强烈的放热反应，使熔池温度有很大的攀升，在如此高的熔炼温度下，合金元素比较活泼，易与坩埚反应而侵蚀坩埚。在大气环境中冶炼时各元素均易被氧化，而在真空下熔炼 Al、Cr 等元素又极易挥发。因此，在选择 Ni_3Al 基合金的制备方法时，须兼顾工艺的可行性和稳定性等因素。通常可采用的制备工艺有真空感应熔炼、非真空感应熔炼、真空电弧熔炼、感应凝壳熔炼、电渣重熔、电子束熔炼等。

1.4.7 Ni_3Al 基合金的研制和应用

近几十年，国内外材料研究者对 Ni_3Al 金属间化合物进行了大量的研究与开发工作，取得了大量的研究成果。美国已发展了近 20 种 Ni_3Al 基合金，形成了 IC 合金系列，并已在石油、化工、能源、航空航天等领域得到应用。俄罗斯也发展了 Ni_3Al 基合金，形成了 BKHA 系列，正在或将要用于航空发动机的各种热端部件，如涡轮叶片、导向叶片、燃油喷嘴和调节片等。我国虽然在 Ni_3Al 基合金的研究方面起步较晚，但无论是在基础研究还是在研制和应用方面都取得了举世瞩目的可喜成果，与国际水平相当，某些方面还处于国际领先水平。

1.4.7.1 美国研制和应用的 Ni_3Al 基合金

美国橡树岭国家实验室（ORNL）经过几十年的努力，在研究开发 IC 系列合金方面已经取得了重大成绩，表 1.4 是 IC 系列合金的化学成分。

IC-14 合金在室温的屈服强度为 480MPa，随温度的升高强度增加，在 600℃下的屈服强度为 750MPa，800℃为 620MPa。IC-15 合金在 20℃、600℃和 800℃下的屈服强度分别为 300MPa、560MPa 和 520MPa，IC-15 合金比 IC-14 合金性能略有下降。在IC-14合金的基础上相应添加微量的C和Mn元素，得到IC-32合金，其20℃、600℃和800℃下的屈服强度分别为790MPa、840MPa和620MPa，可见C和Mn元素的添加大幅度提高了合金的室温强度，对中温强度也有所提高。IC-221合金在原有Ni-Al-B系的基础上添加了大量的Cr和少量的Zr元素，其在20℃、600℃和870℃下的$\sigma_{0.2}$分别为700MPa、930MPa和830MPa，σ_b分别为1700MPa、1300MPa和940MPa，可见Cr和Zr元素的添加对合金的室温、中温强度的提高起了重要作用。IC-221M合金在IC-221合金的基础上添加Mo元素，大幅度提高了合金的热疲劳性能，其650℃的高周疲劳寿命比In-713C合金大两个数量级并有10%～30%的室温塑性和高温塑性，其高温强度$\sigma_{0.2}$也超过了In-713C合金。IC-264合金中由于Cr元素的添加，很好改善了合金的中温塑性并提高了合金的高温强度，IC-264合金在600℃左右与其他合金一样也开始出现塑性的下降，但是最低值还在10%以上。IC-264合金1000℃的高温强度是沃斯帕洛伊合金的两倍以上。

表1.4 IC系列合金的化学成分

合金牌号	化学成分(原子分数)/%										
	Ni	Al	Ti	Cr	Mo	Hf	Zr	B	C	Mn	Fe
IC-2	余	24								1.0	
IC-14	余	19.5	0.5					0.24			10
IC-15	余	24						0.25			
IC-19	余	24						0.05			
IC-32	余	19	0.5					0.24	0.5	0.5	10
IC-50	余	23 11.3①				0.5	0.6①	0.2 0.02①			
IC-72	余	11.7①				3.5①		0.05①			
IC-145	余	21.5				0.5		0.1			
IC-163	余	11.78①				3.39①		0.02①			
IC-164	余	11.37①				5.0		0.02			
IC-218	余	17.0		8.2			0.5	0.1			
IC-221	余	16.7		8.0			1.0	0.1			
IC-221M	余	8.0①		7.7①	1.4①		1.7①	0.008①			
IC-221W	余	8.0①		7.7①	1.5①		3.0①	0.003①			
IC-264	余	16.7		8.0			1.0	0.1			
IC-357	余	9.54①		6.95①	1.28①		0.35①	0.02①		11.2①	11.2①
IC-396	余	16.4		8.0	1.5		0.5	0.15			
IC-396M	余	8.0①		7.8①	3.0①		0.85①	0.005①			

① 为质量分数。

1.4.7.2 俄罗斯研制和应用的 Ni_3Al 基合金

俄罗斯全俄航空材料研究院经过 30 多年的研究，发展了 BKHA 系列 Ni_3Al 基合金，作为 1150～1200℃范围内使用的燃烧室或导向叶片材料，部分合金的化学成分列于表 1.5 中。该系列中包括了等轴、定向及单晶等不同成分的 Ni_3Al 基合金，其中的一些合金具有相当好的综合性能，并且已经在俄罗斯得到了广泛应用。

表 1.5 BKHA 系列 Ni_3Al 基合金化学成分（质量分数） 单位：%

合金牌号	Ni	Al	Cr	Fe	Co	Ti	W	Mo	C	Si	其他
BKHA-2M	基	10.3	5.0	—	—	1.3	2.0	—	0.18	1.05	0.01B、0.01Y
BKHA-1	55	—	37.5	5.0	—	—	—	—	1.12	2.4	≤0.5Mn
BKHA-1B	基	8.5	5.5	0.6	—	3.0	3.0	3.5	0.05	0.4	0.3Hf

BKHA-2M 在 20～1300℃有令人满意的强度和塑性：在 1100℃下，100h 的持久强度为 15MPa。在 1000～1150℃，BKHA-2M 有较高的抗氧化性及抗压缩变形能力以及耐磨性。因此，BKHA-2M 被钎焊在 ЖC-6Y 合金工作叶片的减振突台接触面上用作耐磨材料，但是 BKHA-2M 合金不适宜用作在高温下承受机械荷载的零件，这主要是因为该合金中含有使合金脆化的 β 相，从而导致在 1100℃的塑性低、高温强度不足。BKHA-2M 还被用于苏-27 发动机导向叶片涂层材料。

俄罗斯全俄航空材料研究院在合金研制试验中发现：在 Ni_3Al 基合金中，通过合金化生成含 85%～90%γ'+10%～15%γ，不形成 β 相的多相合金。研制出铸造 BKHA-1B 合金，它有高的抗氧化性及强度，可在 900～1250℃长时间工作。该合金可用于制造涡轮发动机的承力零件。BKHA-1B 有很好的工艺性，可用真空精铸法生产 300～450mm 大尺寸薄壁的等轴、定向及单晶零件。BKHA-1B 在 1050℃和 1100℃的强度与 ЖC-6Y 相近，在 1160℃和 1250℃有一定的持久强度，而 ЖC-6Y 在此温度下已不能工作。BKHA-1B 的密度较低，在 20～1250℃的塑性以及空气中的抗氧化性好于 ЖC-6Y 定向凝固合金。BKHA-1B 合金作为发动机静子叶片材料，在一种武装直升机上得到应用。

BKHA-4 合金在 1200℃具有较高的热强性能和热稳定性能，而且密度小，成本低廉。BKHA-4 合金在 20℃、1100℃、1150℃和 1200℃的强度 σ_b 分别为 690～720MPa、320～330MPa、225～250MPa 和 110～125MPa。采用粉末冶金法可以大大提高 BKHA-4 合金的室温强度，但高温强度不变。BKHA-4 合金作为一种贴块被焊接在某种涡轮叶片最易损坏的部位，可使这种叶片的使用寿命提高 3～5 倍。此外，BKHA 系列合金还被广泛用于模具材料、牙科材料等民用领域。

1.4.7.3 我国研制和应用的 Ni_3Al 基合金

我国对 Ni_3Al 及其合金的研究与开发工作始于 20 世纪 60 年代初，后一度中断，直至 80 年代“863”计划实施以后才开始系统的较大规模的研究与开发工作。“863”计划实施以来，Ni_3Al 基合金的研究、开发、应用均已取得了可喜的成果。国内从事 Ni_3Al 基合金研究和开发的单位主要有中国科学院金属研究所、北京钢铁研究总院、上海交通大学和北京航空材料研究院等。中国科学院金属研究所和上海交通大学在合金化、变形机理等方面做了大量的基础研究工作。北京钢铁研究总院和北京航空材料研究院在 Ni_3Al 基合金的研究和工程应用方面做了大量的卓有成效的工作，使 Ni_3Al 基合金在工程上作为高温结构材料成功应用。

我国研制的 Ni_3Al 基合金主要为北京钢铁研究总院研制的 MX246 合金和北京航空材料研究院研制的 IC6 合金。20 世纪 90 年代北京钢铁研究总院为进一步提高 Ni_3Al 基合金的硬度、屈服强度和高温耐磨性能，成功研制了 TiC 分布弥散颗粒强化的 Ni_3Al 基合金 MX246，经过反复变形和退火、晶粒细化及 TiC 弥散颗粒强化，合金的稳定性好，在 900℃以上具有较高的瞬时拉伸性能、持久性能和抗蠕变性能，以及具有较高的室温耐磨性能和高温耐磨性能，如表 1.6 所示。TiC 弥散颗粒强化的 MX246 合金在大幅度提高强度的同时，也保持了较高的塑性，主要可应用于铸造高温结构件用材、耐磨构件用材以及室温冷变形板材等，该合金已用于线材轧机导卫板、小围盘、导向棒及燃煤流化床百叶窗叶片等，效果良好。

表 1.6 TiC 弥散颗粒强化 Ni_3Al 基合金 MX246 与 IC-218 的性能对比

合金	室温拉伸			850℃高温拉伸			硬度/(HRC)
	σ_b/MPa	$\sigma_{0.2}$/MPa	δ/%	σ_b/MPa	$\sigma_{0.2}$/MPa	δ/%	
MX246	1518	587	25.8	774	743	16.4	54
IC-218	1200	—	23.0	535	452	17.2	—

Ni_3Al 基合金 MX246-A，作为新一代的高温结构材料，其能在 1200℃下长期工作，瞬时失控工作温度可达 1300℃，合金具有良好的抗氧化性能，在 1000℃、1100℃、1200℃下的氧化速度分别小于 0.1g/(m^2 · h)、0.3g/(m^2 · h)、0.7g/(m^2 · h)，并且具有较高的拉伸强度和伸长率，如表 1.7 所示。

表 1.7 MX246-A 合金的拉伸性能

温度/℃	σ_b/MPa	$\sigma_{0.2}$/MPa	δ/%
20	≥800	≥550	≥8
600	≥850	≥650	≥8

续表

温度/℃	σ_b/MPa	$\sigma_{0.2}$/MPa	δ/%
1100	≥300	≥200	≥8
1200	≥100	≥80	≥8

用MX246-A合金制备的十类近终形精铸件，先后装配到我国的矢量喷口模拟机、昆仑机和10A机矢量喷口台架上，累计进行矢量循环热试车200多小时，很好地满足了飞机发动机轴对称矢量喷管技术对高温抗烧蚀结构材料的需求，为我国第三代战机的升级和新型高推比发动机矢量喷口的研制储备了坚实的新材料基础。

为满足高推重比飞机发动机对高温结构材料的需求，多晶Ni_3Al的另一个研究方向是同时获得低密度的且铸造工艺性能优异的Ni_3Al基合金，以便能制备低密度、高可靠性的超薄近终形的精密铸造部件，从材料的低密度和部件的精细结构两方面为发动机减重。Ni_3Al基合金MX246-B很好满足了上述苛刻条件，其密度为7.54g/cm^3，接近Ni_3Al的理论密度，该合金具有良好的高温拉伸性能（在20℃、600℃、1000℃、1100℃下的拉伸强度分别达到800MPa、850MPa、350MPa、300MPa，在室温至1100℃范围内的拉伸延伸率均大于5%）和非常优异的高温抗氧化性能［在1000℃、1100℃、1200℃的氧化速率分别小于0.06g/(m^2·h)、0.1g/(m^2·h)、0.5g/(m^2·h)］。该合金的铸造综合性能良好，能实现壁厚0.8mm的外廓尺寸500mm×100mm精铸件的铸造成型，展示了广阔的工程应用潜力。

北京航空材料研究院在“863”计划资助下，经“七五”至“九五”共十几年时间研制出了一种能在1000～1150℃下用作航空发动机导向叶片的铸造Ni_3Al基合金IC6。IC6合金是我国自行研制的第一个用于航空发动机热端关键部件的Ni_3Al基定向凝固合金，它不仅具有Ni_3Al本身熔点高、高温下蠕变抗力好、密度小、抗氧化性能较好等优点，而且还具有镍基高温合金的某些优点，如铸造工艺性能好、在室温至高温都具有较高的屈服强度和延展性等。

IC6合金为Ni-Al-Mo-B系γ'-Ni_3Al基合金，其主要合金元素的成分范围（质量分数）为Ni-(7.4～8.0)Al-(13.5～14.3)Mo-(0.02～0.06)B。碳作为合金熔炼过程中的脱氧元素加入，在合金中的含量一般为0.01%～0.02%。研究结果表明，合金的最佳成分为Ni-7.8Al-14Mo-(0.02～0.04)B。

IC6合金具有优良的综合性能，其室温拉伸率达到了8%。760℃/100h的持久强度为824～860MPa，1100℃/100h的持久强度达到100MPa。IC6合金在900℃以上的强度高于目前国内外公布的Ni_3Al基合金，其1100℃/100h的持久强度比国内外先进水平的定向凝固镍基和Ni_3Al基合金高出20～25MPa；合金的热疲劳性能好，高温下组织稳定性好，合金的熔点高达1315℃，比一般的镍基高温合金高50～70℃，是目前使用温度最高的导向叶片材料。合金的抗氧化和抗腐蚀性能欠佳，但涂覆MCrAlY涂层后具有良好的使用性能，适用于制备950～1150℃以下的燃气涡轮导向叶片和1050℃以下的涡轮工作叶片。

WP-13B发动机为了提高推力，其涡轮前温度在WP-13系列发动机的基础上提高了30～50℃，而该系列发动机在服役工程中Ⅱ级涡轮导向叶片经常出现超温过热过烧故障，设计部门决定将Ⅱ级涡轮导向叶片由原来的K403等轴晶精铸叶片改为IC6合金定向凝固精铸叶片，实现了Ni_3Al基合金率先在航空发动机热端部件上的应用。采用IC6合金生产的WP-13B发动机的Ⅱ级涡轮导向叶片，顺利通过了分别为369h、379h和387h的长期地面试车考核，所有叶片使用良好，满足了发动机的要求。随后，装配有IC6合金Ⅱ级涡轮导向叶片的WP-13B发动机在场外进行服役飞行，并顺利完成了300飞行小时的服役，叶片返厂分解检查发现叶片状况良好，无一件产生裂纹，叶片的尺寸变化很小，合金的组织稳定、无有害相析出，γ'相形态、分布和尺寸与使用前相比无明显变化。IC6合金作为WP-13B发动机的Ⅱ级涡轮导向叶片，与发动机的匹配性和使用可靠性均十分优异。

利用IC6合金还试制了FWS10A发动机空心两联的高压涡轮导向叶片，并且通过了400多小时的发动机地面试车考核，试车结果良好，并被选为FWS10系列其他型号发动机的高压涡轮导向叶片材料。

世界上几种在工业上得到应用的Ni_3Al基合金的性能如表1.8所示，可见IC6合金的中、高温性能明显优于其他合金。

表1.8 Ni_3Al基合金性能的比较

性能	美国 EX-7	俄罗斯 BKHA-1B	俄罗斯 BKHA-4	中国 IC6
密度/(g/cm^3)	8.0	7.90	7.84	7.9
900℃/100h 持久强度/MPa	—	210～250	245	343
1050℃ 持久强度/MPa 持久寿命/h	—	—	196 11	147 40
1100℃/100h 持久强度/MPa	69	55～65	64	100

第 2 章 Ni_3Al基单晶合金生长机理及取向控制研究

随着航空工业的发展，航空发动机的结构和性能不断提高，涡轮叶片的工作温度随之不断提高，对高温合金性能的要求也不断提高，使涡轮叶片材料由普通的等轴晶铸造合金发展为后来的定向合金，直到现在的单晶高温合金。单晶高温合金作为航空发动机叶片材料，已经应用 20 多年，其承温能力比定向柱晶高温合金提高近 30℃。

选晶法是现在普遍应用的单晶制备方法，常见的单晶选晶器如图 1.6 所示，分为 4 种类型：转折选晶器、角度选晶器、螺旋选晶器和尺度限制型选晶器。螺旋选晶法是单晶高温合金叶片制备中最基本的工艺方法，而且是目前工艺最成熟的单晶制备技术，已经被广泛应用于生产各种单晶材料。籽晶法是公认的可精确控制晶体取向的唯一方法，但是籽晶法制备单晶合金技术工艺复杂，只在硅单晶和各类宝石单晶制备中应用于实际生产，还没有在高温合金制备中广泛应用。

本章进一步介绍 Ni_3Al 基合金的选晶行为，预埋籽晶等因素对单晶合金晶体生长方式和晶体取向的影响机理，揭示单晶生长规律，实现 Ni_3Al 基单晶合金晶体取向的三维可控。

2.1 Ni_3Al 基单晶合金的晶粒竞争生长

2.1.1 Ni_3Al 基单晶合金螺旋选晶行为研究

应用熔模铸造工艺及螺旋选晶法制备了 Ni_3Al 基单晶合金，图 2.1 为蜡模图及单晶棒实物图。

图 2.2 为 Ni_3Al 基单晶合金螺旋选晶段不同位置横、纵截面金相组织，可见在选晶过程中，晶粒之间发生激烈的竞争生长，晶粒数量逐渐减少，最终得到单晶组织。

图 2.1　蜡模图及单晶棒实物图

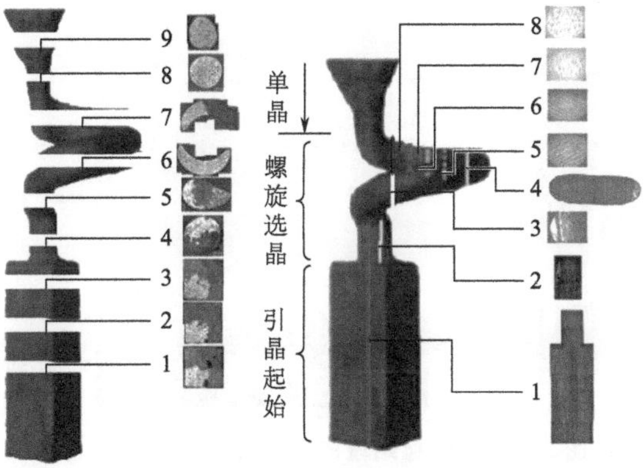

图 2.2　Ni_3Al 基单晶合金螺旋选晶段不同位置横、纵截面金相组织

引晶起始段的整体纵剖面组织形态如图 2.3 所示，可见起始段底部为非常细小的等轴晶区，这是温度很高的金属液与温度很低且导热性能优异的金属铜板突然接触，瞬间凝固所致。定向凝固开始后，在定向热流作用下，在等轴晶区上方形成大量的细小定向柱状晶粒，随后晶粒之间发生激烈的生长竞争，迅速淘汰大量晶粒，剩余晶粒生长为粗大的柱状晶粒，之后在有限的高度下很难再通过竞争生长相互淘汰大量的晶粒，当晶粒生长到起始段与螺旋段的缩颈处，只有对应于缩颈口有继续生长空间的晶粒可以进入螺旋段，起到面积阻挡选晶作用。如图 2.3(d) 所示，晶粒 A 和晶粒 B 由于缩颈结构突然失去生长空间被淘汰，而晶粒 C 和晶粒 D 可以继续生长进入螺旋段。

在引晶段粗大柱状晶区晶粒竞争组织形态如图 2.4 所示，可见晶粒 B 和晶粒 C 的枝晶臂阻隔晶粒 A 的生长，晶粒 A 被缓慢淘汰。由此可知，在此阶段晶粒之间的竞争生长主要为枝晶之间的相互阻隔淘汰，完全取决于一次枝晶臂和二次枝晶臂的相互位置。Zhou 等建立的枝晶阻隔模型如图 2.5 所示，图中清楚显示了不同取向晶粒之间的枝晶阻隔过程。在此阶段晶粒之间的排挤淘汰过程十分缓

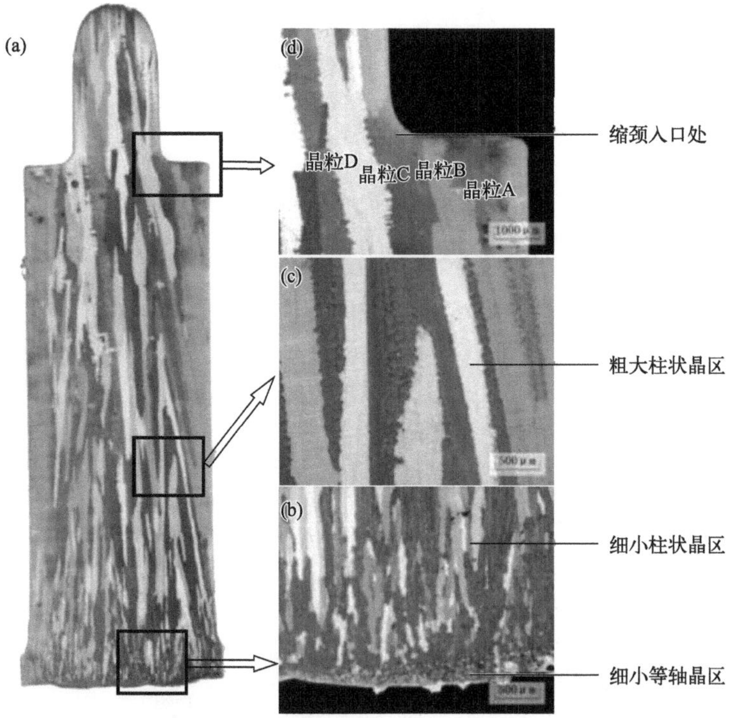

图 2.3　引晶起始段的整体纵剖面组织形态

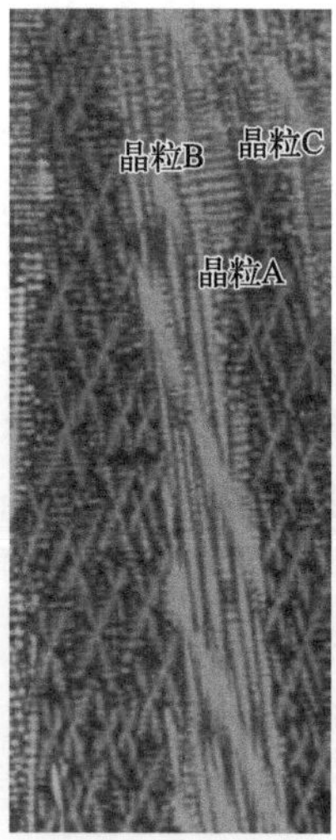

图 2.4　引晶段粗大柱状晶区的晶粒竞争形态

慢，需要很长的生长空间来满足晶粒的选择生长，所以引晶起始段需要一定的高度，但是过长的选晶过程又会提高单晶制备的成本，故而引晶起始段的高度存在一个与合金成分及浇注工艺相关的最佳值。

引晶段不同位置的晶粒横截面组织形态如图 2.6 所示，枝晶形貌清晰，不同晶粒的明暗程度有很大区别，这是由晶粒取向不同所引起的。这个阶段为粗大柱状晶粒之间的竞争生长，一些晶粒被周围的晶粒所排挤消失，如图中间的晶粒 A 和边缘的晶粒 B 逐渐被周围的晶粒排挤，晶粒 A 尺寸减小，而晶粒 B 由于被排挤到失去生长空间而消失。晶粒 C 虽然开始晶粒尺寸较小，仅有几个枝晶，但是逐渐排挤周围的晶粒而竞争到生长空间。可见晶粒之间的竞争生长不取决于晶粒的大小，只取决于晶粒之间的取向关系，晶粒的数量沿着凝固的方向逐渐减少。

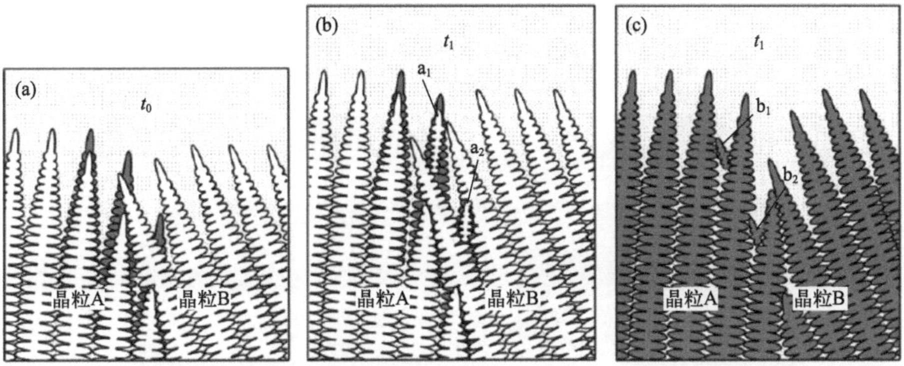

图 2.5　枝晶阻隔生长模型，(a) 为枝晶生长的初始时间 t_0，(b) 和 (c) 为枝晶阻隔生长后的时间 t_1

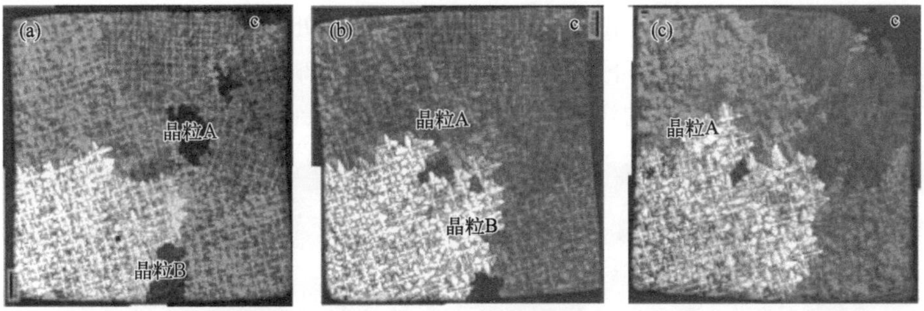

图 2.6　引晶段不同位置的晶粒宏观组织形态

图 2.7 为螺旋段不同位置的晶粒横截面照片。图 2.7(a) 为螺旋选晶的缩颈入口处，可见有多个晶粒进入螺旋段，这些晶粒即为与缩颈口对应的可以进入螺旋段继续生长的晶粒。图 2.7(b) 的左侧区域在轴向上与图 2.7(a) 基本对应，右侧区域位于螺旋结构的开始阶段。从图 2.7(b) 中可以看到，右侧区域存在一个二次枝晶臂非常发达的晶粒，该晶粒的一次枝晶臂并非沿试棒的轴向生长，而是基本平行于截面，一次枝晶臂的生长方向为热流的逆方向，液态金属凝固时放出的热量通过已凝固的合金迅速传出，而在图 2.7(b) 右侧区域，其下方已凝固的合金很少，所以凝固放出的热量会倾向于流向其左侧区域再向下排出，故而可知，此处的热流方向已不是拉晶的轴向，而是基本和螺旋轴线重合。

如图 2.7(c) 所示，随着晶体的不断生长，在螺旋的中部晶粒已经淘汰，只剩下一个晶粒，但是图 2.7(d) 显示随后在螺旋的上部又形核生长出一个晶粒，最终这个晶粒生长为最后的单晶体，这是单晶生长过程模壳问题引起的壳壁自由形核所致，只是个别试验现象。

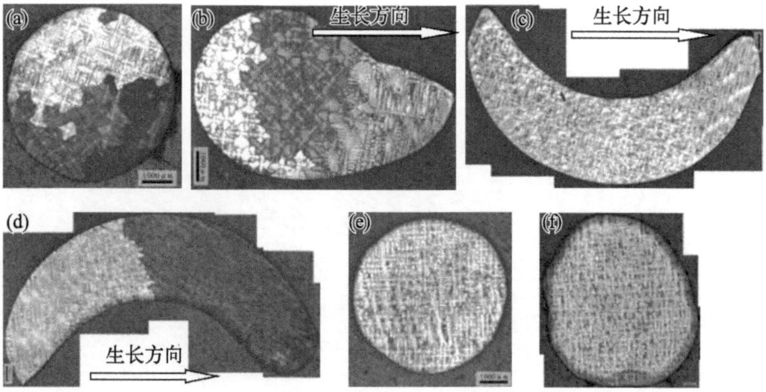

图 2.7　螺旋段不同位置晶粒竞争生长的横截面微观组织

图 2.8 为螺旋段不同位置晶粒竞争生长的纵截面微观组织照片，每个截面均为与轴向平行的纵向剖面。图 2.8(a) 为缩颈的入口处，有多个晶粒进入螺旋段继续生长，图 2.8(c) 只剩下两个晶粒，当生长到图 2.8(d) 时只剩下一个晶粒，可见经过螺旋结构对晶粒的淘汰作用后，最终制备得到单晶组织。

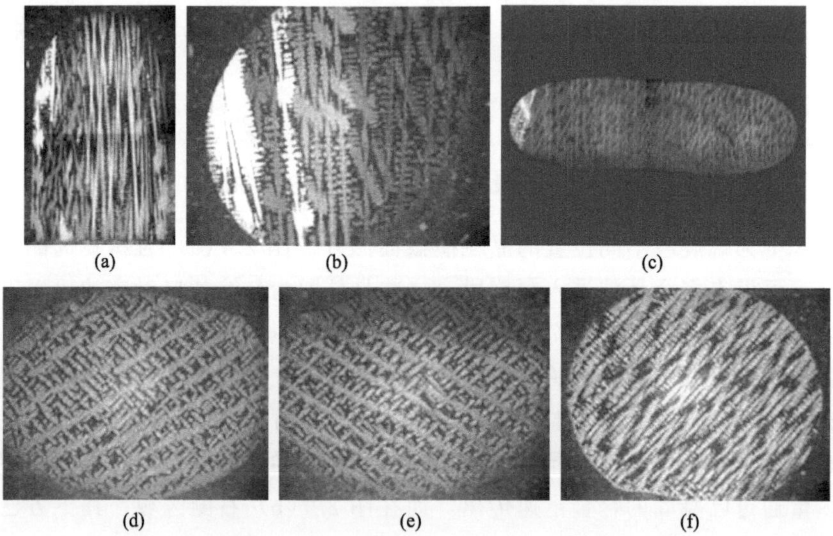

图 2.8　螺旋段不同位置晶粒竞争生长的纵截面微观组织

2.1.2　Ni_3Al 基单晶合金晶粒竞争淘汰机制

前面已经对螺旋选晶法的单晶生长机制进行了研究，主要是利用不同取向的晶粒在单向热流作用下通过相互竞争淘汰，最终得到单晶组织。虽然对于面心立

方结构的 Ni_3Al 基单晶合金<001>晶体取向晶粒具有择优生长优势，但枝晶之间的相互阻隔对晶粒的竞争淘汰也起着至关重要的作用，因此研究不同位向关系的晶粒竞争淘汰机制是十分必要的。下面主要对五种晶粒竞争生长过程中的位向关系进行讨论。

① 晶粒竞争淘汰机制一。一个晶粒的<001>择优生长取向与晶体生长方向（即与轴向平行的温度梯度方向）平行，另一个晶粒的<001>择优生长取向与生长方向偏离一定角度且背离另一个晶粒。晶粒竞争淘汰机制一的组织形貌如图 2.9 所示，晶粒 B 的择优生长取向与晶体生长方向平行，晶粒 A 的择优生长取向与生长方向偏离且背离晶粒 B。随着晶体的不断生长，晶粒 A 被晶粒 B 所淘汰，且晶界的方向与晶粒 A 的择优取向平行。由于两个晶粒取向背离，所以随着晶体生长在晶界处会出现生长空间，而晶粒 B 的一次枝晶生长要快于晶粒 A，故而晶粒 B 的二次枝晶臂抑制晶粒 A 的二次枝晶臂的生长，并能不断生长出三次枝晶臂以填充晶界处的生长空间，使晶界不断沿着晶粒 A 的一次枝晶方向向其偏移，最终将晶粒 A 淘汰。Roger C. Reed 给出了相应的理论模型，如图 2.10 所示。

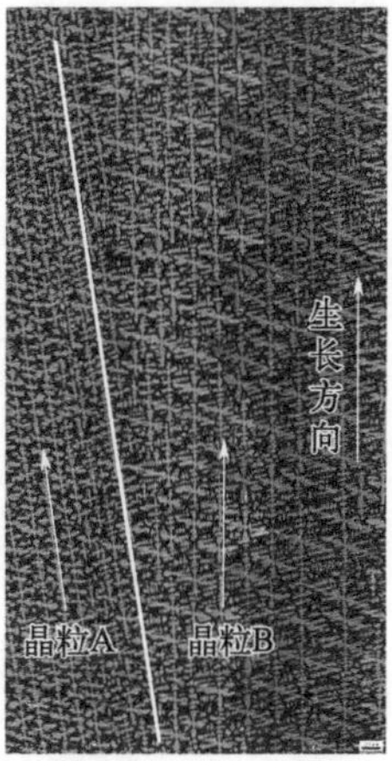

图 2.9 晶粒竞争淘汰机制一

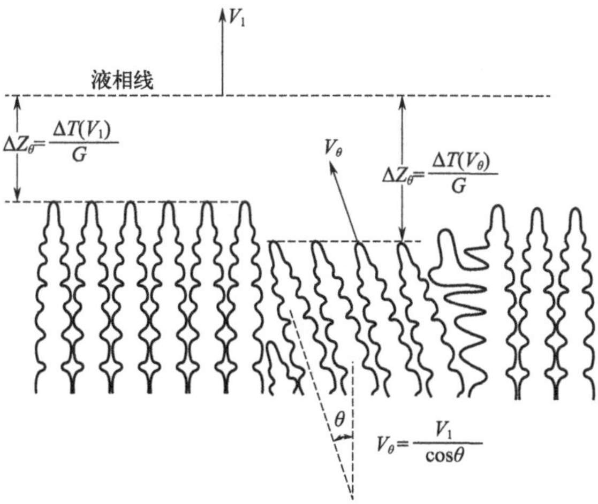

图 2.10 Roger C. Reed 晶粒竞争淘汰机制模型

② 晶粒竞争淘汰机制二。一个晶粒的<001>择优生长取向与晶体生长方向平行，另一个晶粒的<001>择优生长取向与生长方向偏离一定角度且偏向另一

个晶粒。晶粒竞争淘汰机制二的组织形貌如图 2.11 所示，晶粒 B 的择优生长取向与晶体生长方向平行，晶粒 A 的择优生长取向与生长方向偏离且偏向晶粒 B。随着晶体的不断生长，晶粒 B 被晶粒 A 所淘汰，且晶界的方向与晶粒 A 的择优取向平行。由于两个晶粒取向相向，所以随着晶体生长在晶界处发生剧烈的枝晶生长阻隔，晶粒 A 的枝晶不断排挤晶粒 B 的枝晶生长空间，使晶界不断向晶粒 B 偏移。如图 2.11(b) 所示，晶粒 A 的枝晶 a 与晶粒 B 的枝晶 b 发生生长竞争，彼此的二次臂均由于竞争失去生长空间而未能正常生长，随着晶体继续生长，枝晶 b 由于没有生长空间而被淘汰，枝晶 a 继续与枝晶 c 竞争生长，枝晶 a 的二次臂明显抑制了枝晶 c 的二次臂的生长，由此机理逐渐淘汰下去，晶粒 B 的枝晶数目随着晶体的生长逐渐减少，晶界也逐渐向晶粒 B 偏移，最终被淘汰。

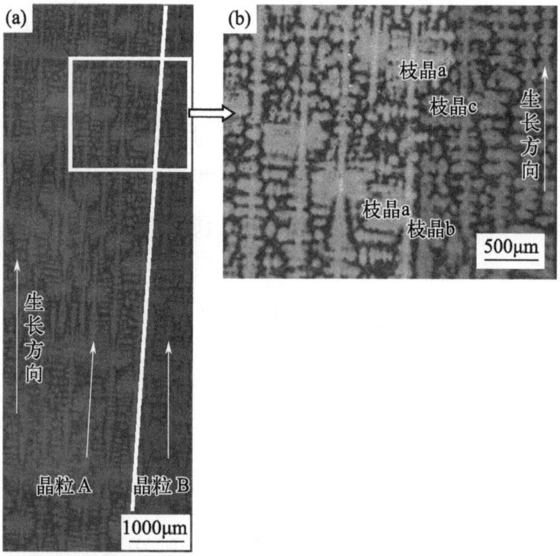

图 2.11　晶粒竞争淘汰机制二

③ 晶粒竞争淘汰机制三。两个晶粒的<001>择优生长取向均与晶体生长方向偏离一定角度，且偏离方向一致。晶粒竞争淘汰机制三的组织形貌如图 2.12 所示，晶粒 A 和晶粒 B 的择优生长取向均与晶体生长方向偏离一定角度，晶粒 A 的偏离角度大于晶粒 B 的偏离角度。随着晶体的不断生长，晶粒 A 被晶粒 B 所淘汰，且晶界的方向与晶粒 A 和晶粒 B 的择优取向均不平行。虽然两个晶粒的择优取向均不与生长方向平行，但由于两个晶粒取向可以认为是相向的，所以在晶界处也会发生剧烈的枝晶生长阻隔，晶粒 B 的枝晶不断排挤晶粒 A 的枝晶生长空间，使晶界不断向晶粒 A 偏移，最终偏离角小的晶粒 B 淘汰偏离角大的晶粒 A。

④ 晶粒竞争淘汰机制四。两个晶粒的<001>择优生长取向均与晶体生长方向偏离一定角度，且偏离方向相对。晶粒竞争淘汰机制四的组织形貌如图 2.13 所示，晶粒 A 和晶粒 B 的择优生长取向均与晶体生长方向偏离一定角度，且偏离方向相对，晶粒 A 的偏离角度大于晶粒 B 的偏离角度。随着晶体的不断生长，晶粒 A 的一次枝晶臂不断被晶粒 B 所排挤淘汰，晶界不断向晶粒 A 偏移，最终偏离角小的晶粒 B 淘汰偏离角大的晶粒 A。

图 2.12 晶粒竞争淘汰机制三

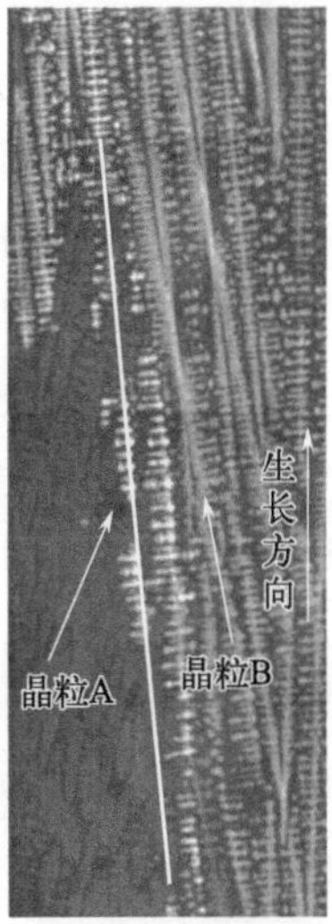

图 2.13 晶粒竞争淘汰机制四

⑤ 晶粒竞争淘汰机制五。两个晶粒的<001>择优生长取向均与晶体生长方向偏离一定角度，且偏离方向相背离。晶粒竞争淘汰机制五的组织形貌如图 2.14 所示，晶粒 A 和晶粒 B 的择优生长取向均与晶体生长方向偏离一定角度，且偏离方向相背离。随着晶体的不断生长，不但晶粒 A 的枝晶臂可能被晶粒 B 所排挤，而且晶粒 B 的枝晶臂也可能被晶粒 A 所排挤，故而形不成平直的晶界，虽然图中晶界不断向晶粒 B 偏移，但可以认为晶粒 A 没有一定淘汰晶粒 B 的能力，两个晶粒可以持续生长下去，即使要淘汰一个晶粒，也是随机进行的。由于两个晶粒取向背离，所以随着晶体生长在晶界处会出现生长空间，亦可见晶界处枝晶的二次枝晶臂是非常发达的，并存在三次枝晶臂演变为一次枝晶臂的现象。也有研究表明，当两个

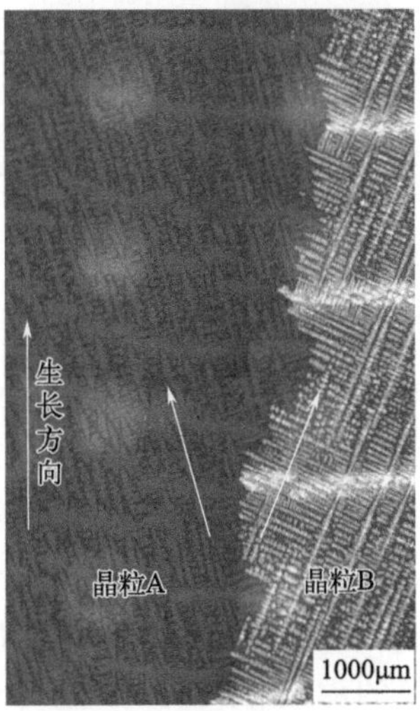

图 2.14 晶粒竞争淘汰机制五

晶粒均偏离最大温度梯度方向（即晶体生长方向）且具有相对背离的取向时，如果两晶粒的取向夹角较大，晶界会出现分叉，可能会形成新的晶粒。

2.2 Ni_3Al 基单晶合金取向控制研究

2.2.1 籽晶法控制晶体取向研究

籽晶法制备单晶合金的原理是在与激冷铜板接触的模壳底部放置一定晶体取向的籽晶，籽晶的成分与所制备单晶体的成分可以一致，也可以不一致。当高温的合金液与低温的籽晶接触时，籽晶的上部局部熔化，形成完全熔化区和半固态熔融区，完全熔化区的籽晶合金和液态高温合金充分扩散混合达到成分均匀。当单晶生长开始后，随着模壳的向下移动，在定向热流的作用下，通过籽晶的引晶作用，籽晶中的枝晶外延生长，最终得到单晶取向与籽晶取向一致的单晶体，原理如图 2.15 所示。

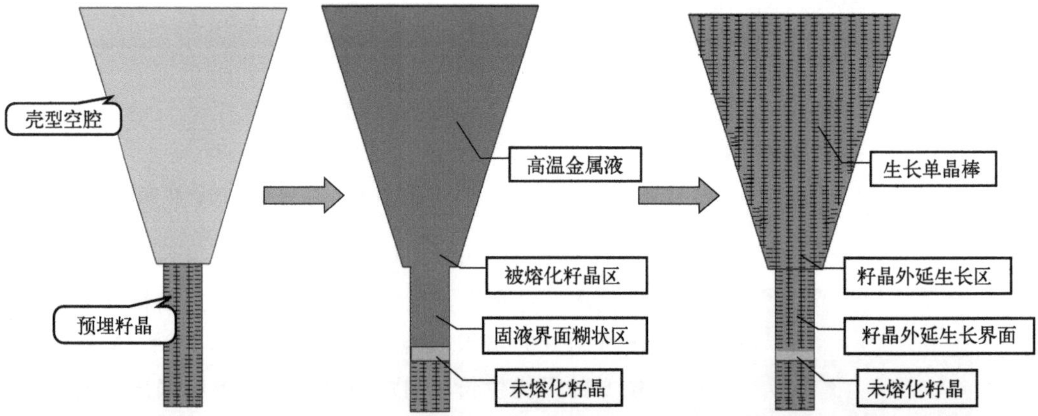

图 2.15 籽晶法生长单晶合金的原理图

选取选晶法制备的不同晶体取向的 Ni_3Al 基单晶体，切取 ϕ3mm×20mm 和 ϕ5mm×20mm 两种形状的籽晶，籽晶的轴向与单晶体的取向严格一致。应用螺旋选晶法工艺参数采用籽晶法生长 Ni_3Al 基单晶合金，如表 2.1 所示。图 2.16 为籽晶法生长 Ni_3Al 基单晶合金组织形貌，可见籽晶没有被高温的合金液局部熔化，单晶生长开始后，合金晶体没有沿着籽晶表面外延生长，在固液界面及模壳表面生成大量杂晶，籽晶没有起到引晶作用。可见高温合金液的温度需要提高，并应增加金属液与籽晶的交互时间，故而将金属液的温度从 1550℃ 提高到 1580℃，静置时间从 1min 延长到 7min，再次进行籽晶法生长单晶合金。

表 2.1　籽晶法生长 Ni_3Al 基单晶合金晶体取向测定表

试样编号	籽晶取向	取向偏离度/(°)						
		<001>	<113>	<012>	<011>	<133>	<111>	<112>
1	<001>7°	7	22	20				
2	<001>7°	12	13	18				
3	<001>7°	10	15	18				
4	<111>5°		22			19	7	
5	<111>5°					17	8	12
6	<111>5°					20	4	21
7	<011>9°			17	13	6		
8	<011>9°		22	22	15			
9	<011>9°			13	14	10		

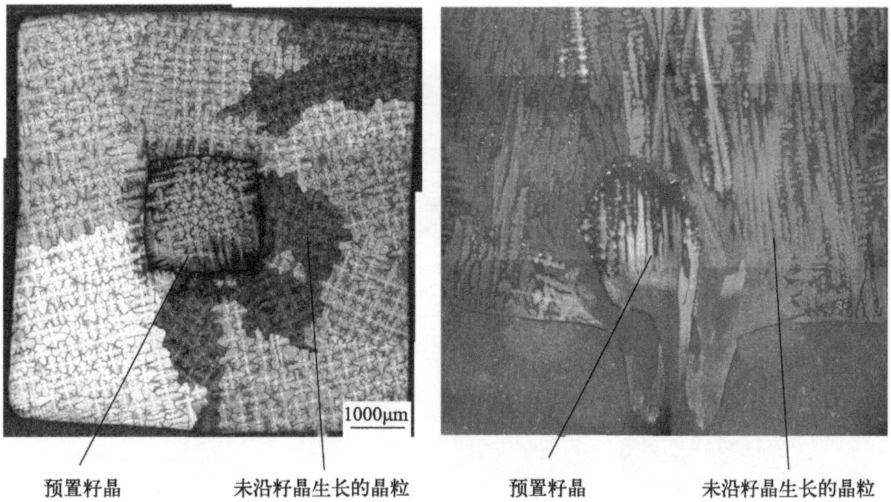

图 2.16　籽晶法生长 Ni_3Al 基单晶合金组织形貌

修改后的籽晶法制备 Ni_3Al 基单晶合金的工艺参数如表 2.1 所示，图 2.17 为<001>、<111>和<011>取向籽晶外延生长金相照片，图 2.18 为不同取向籽晶和所制备单晶体微观组织对比金相照片。通过单晶显微组织观察可知，提高合金液的温度和延长静置时间后，籽晶局部被熔化，形成了平直的固液界面。当单晶生长开始后，籽晶中的枝晶在定向热流的作用下得以外延生长，没有发现杂晶的产生，单晶体的组织良好，并且单晶体与籽晶的枝晶形态完全一致。

图 2.19 为籽晶法外延生长<001>取向单晶合金的组织演变过程，可见高温

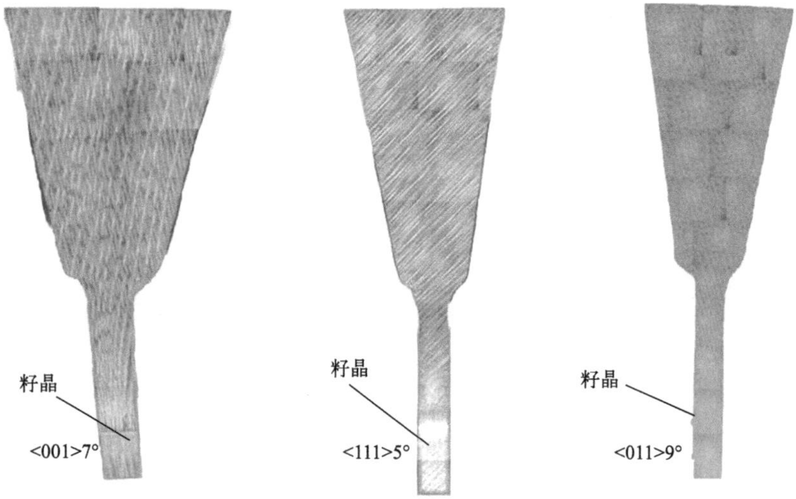

图 2.17 ＜001＞、＜111＞、＜011＞取向籽晶外延生长金相照片

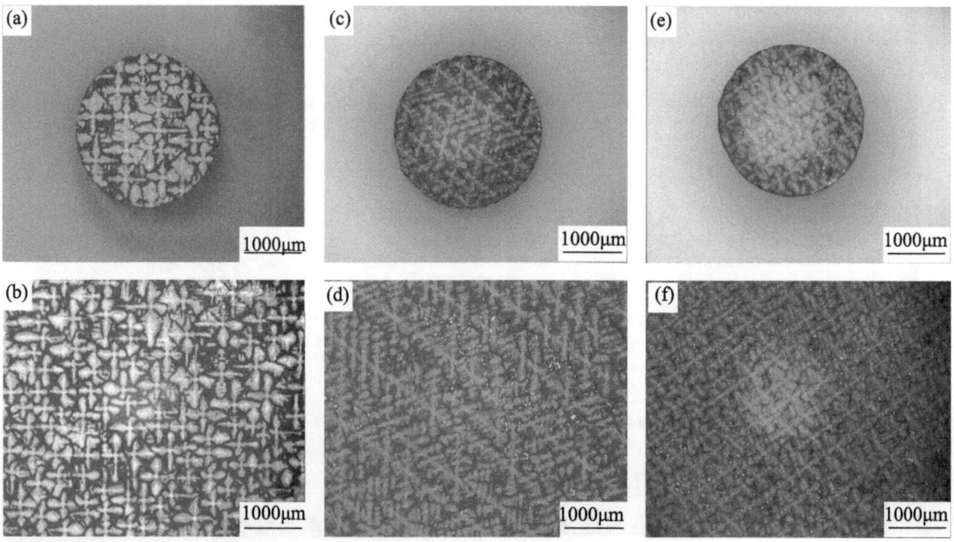

图 2.18 籽晶和单晶体微观组织对比金相照片

(a)，(b) ＜001＞取向；(c)，(d) ＜111＞取向；(e)，(f) ＜011＞取向

金属液将籽晶局部熔化，籽晶被分为三个明显的部分，上部为完全熔化部分，中间为熔融糊状区，下部为未熔化籽晶区。未熔化籽晶区依然保留了 Ni_3Al 基单晶合金的铸态组织形态，如图 2.19(b) 所示。熔融糊状区的成分完全均匀，其温度处于合金的熔点附近，当单晶生长开始后，熔融糊状区温度迅速降低到熔点以下，来不及形成枝晶组织，形成一层无成分偏析的均匀固态单晶合金的组织，如图 2.19(d) 所示。随着单晶生长，在定向热流的作用下，籽晶得到外延生长，

逐渐生成枝晶组织，并形成枝晶干和枝晶间的元素偏析，在枝晶间生成低熔点Y-NiMo相，如图2.19(e)所示，最终得到显微组织与籽晶高度一致的Ni_3Al基单晶合金。图2.20和图2.21为籽晶法外延生长<111>和<011>取向单晶合金的组织演变过程，除枝晶形态不同之外，组织演变过程与<001>取向单晶相同。

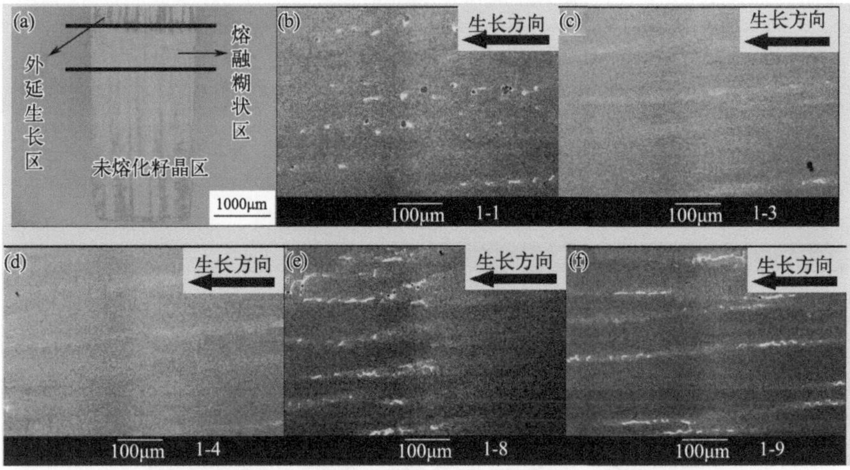

图2.19 籽晶法外延生长<001>取向单晶合金的组织演变过程

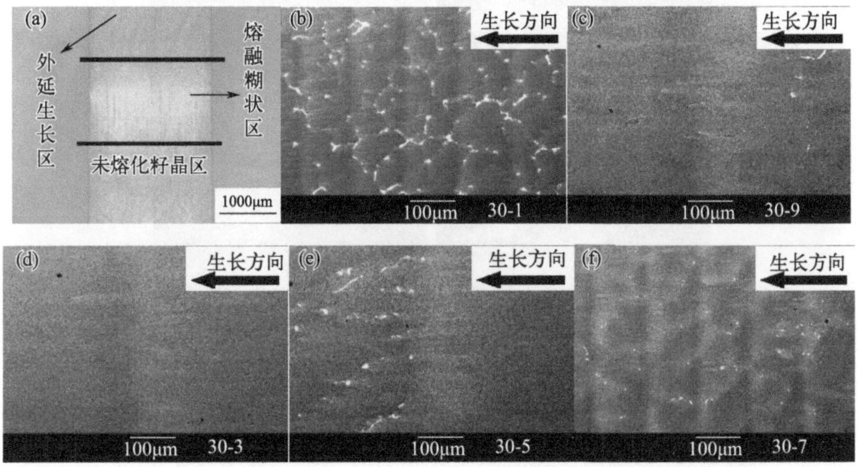

图2.20 籽晶法外延生长<111>取向单晶合金的组织演变过程

图2.22～图2.24为X射线背散射Laue法测定不同晶体取向Ni_3Al基单晶合金的标定图谱。当籽晶为偏离<001>7°时，生长得到单晶体的取向分别为偏离<001> 7°、12°和10°（图2.22）。当籽晶为偏离<111>5°时，生长得到单晶体的取向分别为偏离<111> 7°、8°和4°（图2.23）。当籽晶为偏离<011>9°时，生长得到单晶体的取向分别为偏离<011> 13°、15°和14°（图2.24）。表2.1为

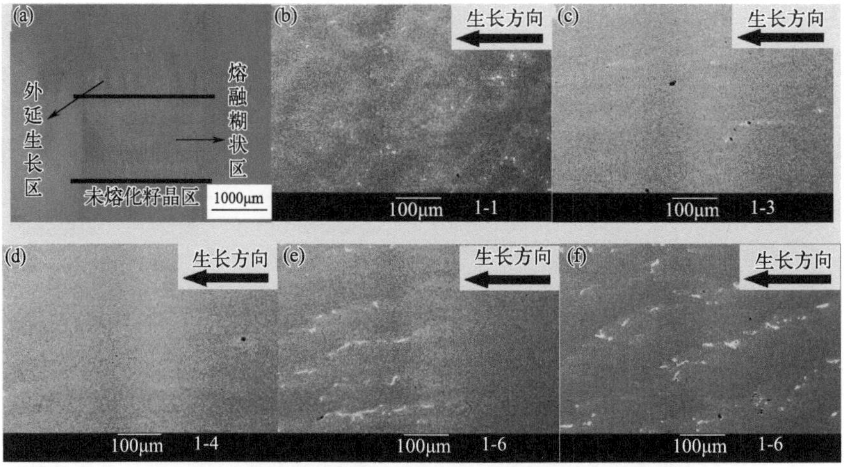

图 2.21 籽晶法外延生长<011>取向单晶合金的组织演变过程

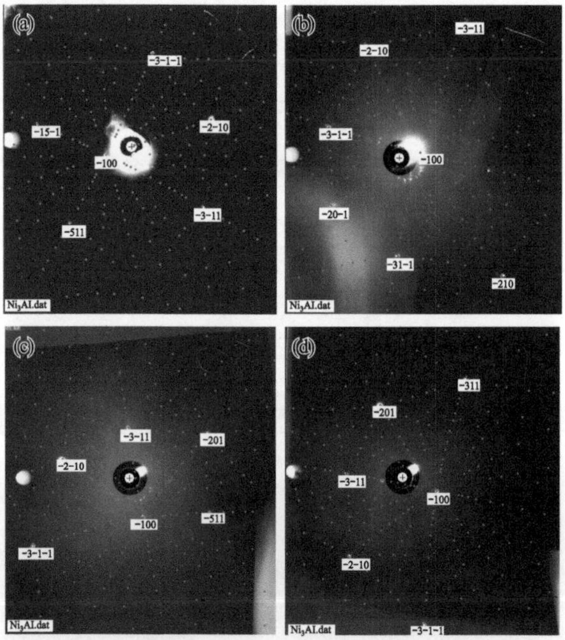

图 2.22 X 射线背散射 Laue 法测定晶体取向的标定图谱（一）

（a）籽晶偏离<001> 7°；(b)、(c) 和 (d) 分别为生长单晶体偏离<001> 7°、12°和 10°

籽晶法生长 Ni_3Al 基单晶合金晶体取向测定表，生长得到的单晶体取向与籽晶的晶体取向一致，偏离度略有差别，导致此差别的原因有两个：①生长得到的单晶体取向与籽晶取向存在绝对偏离值；②X 射线背散射 Laue 法测试存在误差，其误差范围在 3°左右。比对表中数据并考虑上述偏差原因后可知，籽晶法生长 Ni_3Al 基单晶合金的晶体取向控制是十分精确的，从而掌握了一种可以精确控制

Ni_3Al 基合金晶体取向的单晶制备方法。

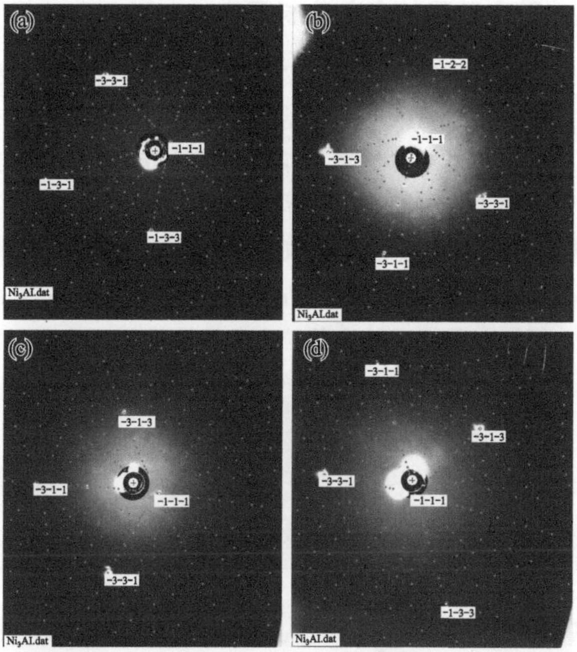

图 2.23　X 射线背散射 Laue 法测定晶体取向的标定图谱（二）

（a）籽晶偏离＜111＞ 5°；（b）、（c）和（d）分别为生长单晶体偏离＜111＞ 7°、8°和 4°

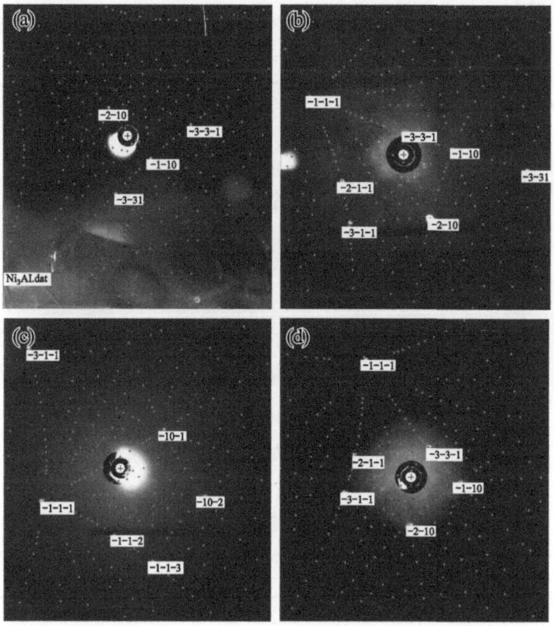

图 2.24　X 射线背散射 Laue 法测定晶体取向的标定图谱（三）

（a）籽晶偏离＜011＞ 9°；（b）、（c）和（d）分别为生长单晶体偏离＜011＞ 13°、15°和 14°

2.2.2 不同晶体取向双晶的竞争生长研究

不同晶体取向双晶竞争生长如图 2.25 所示，各组竞争生长的籽晶及生长得到单晶体的取向列于表 2.2 中，可见籽晶的晶体取向与所生长得到的单晶体的取向是完全一致的。双晶竞争生长结果显示晶体取向为＜011＞3°的单晶体被晶体取向为＜001＞1°的单晶体竞争排挤；晶体取向为＜111＞4°的单晶体被晶体取向为＜001＞3°的单晶体竞争排挤；晶体取向为＜011＞1°的单晶体被晶体取向为＜111＞3°的单晶体竞争排挤。前两种双晶竞争生长可由前文提出的晶粒竞争淘汰机制一来解释，而第三种情况符合晶粒竞争淘汰机制三的原理。

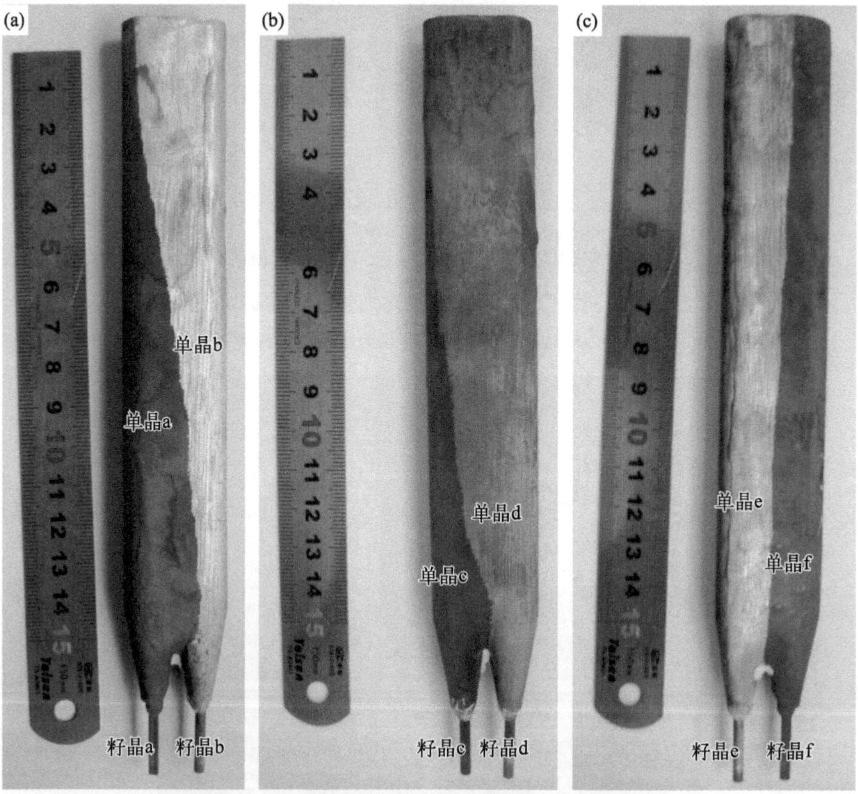

图 2.25 不同晶体取向双晶竞争生长实物图

表 2.2 籽晶及生长对应单晶体的晶体取向

编号	a	b	c	d	e	f
籽晶晶体取向	＜011＞2°	＜001＞1°	＜111＞2°	＜001＞1°	＜011＞2°	＜111＞2°
对应单晶取向	＜011＞3°	＜001＞1°	＜111＞4°	＜001＞3°	＜011＞1°	＜111＞3°

可以用两晶粒形成晶界的水平移动速度来近似表征不同取向晶粒之间的竞争能力，傅恒志等定义晶界的水平移动速度 V_x 为：

$$V_x = V \cdot \frac{X}{h} \tag{2.1}$$

式中，V 为晶体生长速度；X 为晶界水平移动的距离；h 为晶体的生长长度。

通过上式可以推算出 Ni_3Al 基单晶合金的＜011＞取向晶粒和＜001＞取向晶粒的晶界水平移动速度 $V_x=0.339$mm/min，晶界偏向＜011＞取向晶粒；＜111＞取向晶粒和＜001＞取向晶粒的晶界水平移动速度 $V_x=0.494$mm/min，晶界偏向＜111＞取向晶粒；＜011＞取向晶粒和＜111＞取向晶粒的晶界水平移动速度 $V_x=0.099$mm/min，晶界偏向＜111＞取向晶粒。研究表明，Ni_3Al 基单晶合金晶体取向为＜001＞的晶粒竞争能力最强，这和其择优晶体取向＜001＞是一致的。晶体取向为＜011＞的晶粒竞争能力优于晶体取向为＜111＞的晶粒，但是优势不明显，两晶粒竞争生长 150mm 时，其晶界仅水平偏移 5mm，所以两种取向的晶粒在竞争生长时在有限的生长空间中很难相互竞争淘汰。

2.3 Ni_3Al 基单晶合金三维取向控制研究

随着航空发动机的不断发展，对涡轮叶片提出了更加严格的要求，为了提高冷却效果，叶片的工作区厚度也越来越薄，尺寸最小处仅为几毫米，这就需要充分考察叶片薄壁处的冷热疲劳性能。对于面心立方的 Ni_3Al 基单晶合金，＜001＞方向的冷热疲劳性能是最优异的，故而在生产 Ni_3Al 基单晶合金叶片时，如果能够在精确控制轴向晶体取向的前提下精确控制横向的晶体取向，将能进一步提高 Ni_3Al 基单晶合金叶片的使用性能。

选取晶体取向为偏离＜001＞1°的 Ni_3Al 基单晶体，切取尺寸为 3mm×3mm×20mm 的籽晶，经 X 射线背散射 Laue 法测定，其长轴方向（Z 方向）为偏离＜001＞1°，与长轴垂直的两短轴方向（X 方向和 Y 方向）分别为偏离＜001＞2°和 3°，籽晶取向标定图谱如图 2.26 所示。

图 2.27 为籽晶法生长 Ni_3Al 基单晶合金实物图，沿 X、Y 和 Z 三个方向测试 Ni_3Al 基单晶合金的晶体取向，单晶体不同方向的取向标定图谱如图 2.28 所示，其 Z 方向偏离＜001＞2°，X 方向和 Y 方向分别偏离＜001＞3°和 4°。可见，籽晶法生长得到的 Ni_3Al 基单晶体的三维取向与籽晶的三维取向是完全一致的，进一步掌握了一种可以精确控制三维晶体取向的单晶生长方法。

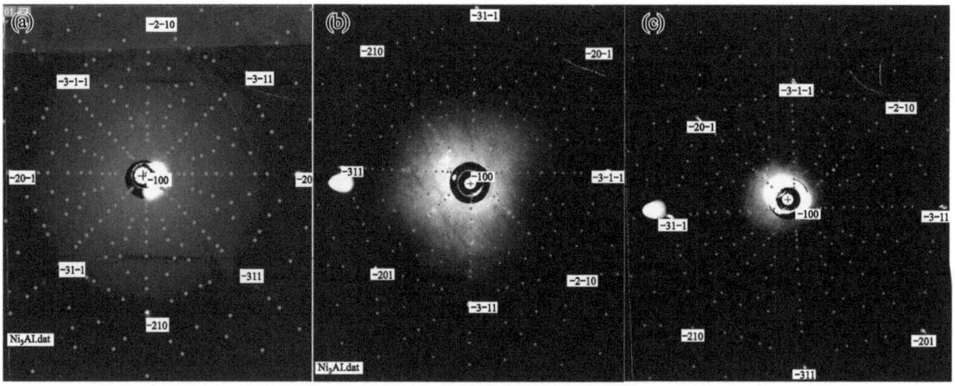

图 2.26　籽晶取向标定图谱

(a) Z 方向；(b) X 方向；(c) Y 方向

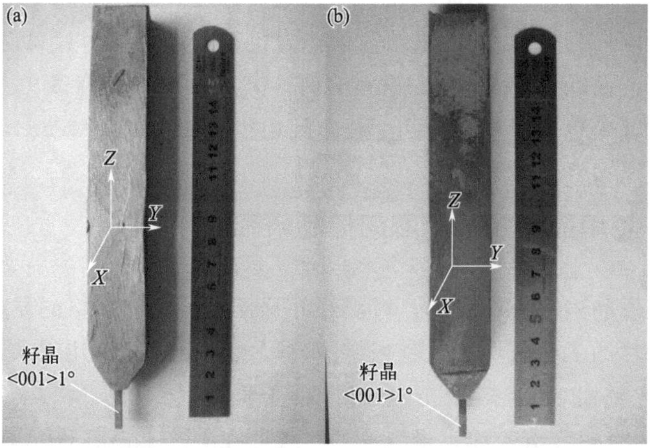

图 2.27　籽晶法生长 Ni_3Al 基单晶合金实物图

通过以上研究得到以下结论：

① 引晶起始段底部存在一薄层数量众多的细小等轴晶粒组织，随后在定向热流的作用下生长出大量的细小定向柱状晶粒，晶粒之间发生激烈的生长竞争，迅速淘汰大量晶粒。在有限的起始段高度下，剩余晶粒很难再通过竞争生长相互淘汰大量晶粒，引晶起始段的高度存在与合金成分及浇注工艺相关的最佳值。在螺旋选晶段的缩颈处，只有对应于入口截面的晶粒能够继续生长进入螺旋选晶段，起到面积阻隔选晶作用。在螺旋选晶段热流方向与螺旋方向基本一致，晶粒的择优生长与螺旋特有结构的耦合作用逐渐淘汰剩余的晶粒，在螺旋选晶段的后部只剩余一个晶粒，最终形成单晶组织。

② Ni_3Al 基单晶合金晶粒竞争存在五种淘汰机制，晶粒之间的竞争淘汰不取决于晶粒的大小，而取决于晶粒之间的晶体取向及枝晶位相关系，择优生长取向

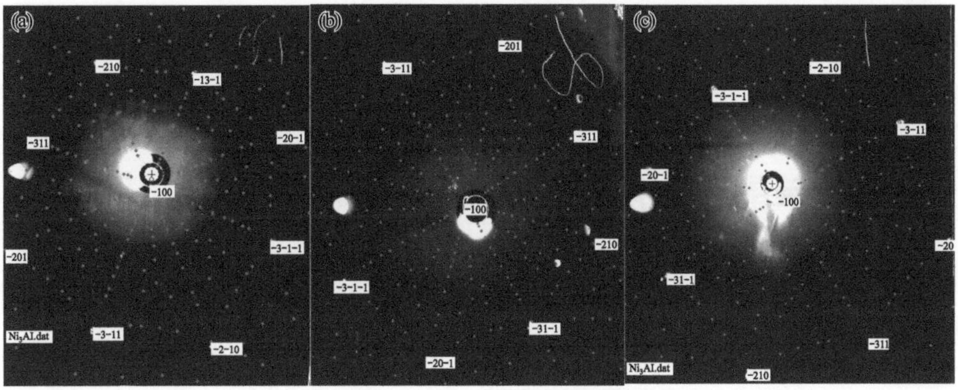

图 2.28　单晶体取向标定图谱

(a) *Z* 方向；(b) *X* 方向；(c) *Y* 方向

与晶体生长方向偏离角小的晶粒具有最大的竞争淘汰能力，但枝晶的相互阻隔在晶粒竞争过程中也起着至关重要的作用。

③ Ni_3Al 基单晶合金晶体取向为＜001＞的晶粒竞争能力最强，这和其择优晶体取向＜001＞是一致的。晶体取向为＜011＞的晶粒竞争能力优于晶体取向为＜111＞的晶粒，但是优势不明显，两种取向的晶粒在竞争生长时在有限的生长空间中很难相互竞争淘汰。

④ 采用籽晶法可以成功生长得到不同晶体取向的 Ni_3Al 基单晶合金，籽晶法生长单晶合金的工艺参数为：合金液温度 1580℃，精炼时间 3min，模壳温度 1570℃，静置时间 7min。合金液温度与静置时间直接决定着籽晶能否起到单晶生长引晶作用。生长所得单晶体与籽晶的显微组织相同，且单晶合金的三维取向与籽晶的三维取向完全一致。

第 3 章 Ni_3Al基单晶合金凝固行为研究

凝固过程的工艺参数对单晶合金的组织和性能影响显著，目前已经对在不同凝固速率下制备的多种合金进行了研究，如第三代镍基高温合金 CMSX-10、第二代镍基高温合金 DD6、镍基单晶合金 DD98、NiAl 合金、铝合金、TiAl 合金等，都具有凝固组织随拉晶速率增大而细化的特点。

本章采用不同的拉晶速率定向凝固生长了 Ni_3Al 基单晶合金试棒，系统介绍了生长速率对其凝固组织及高温持久性能的影响。

3.1 Ni_3Al 基单晶合金的凝固组织特征

图 3.1 为铸态 Ni_3Al 基单晶合金组织的金相组织形貌，从图中可以看出，铸态单晶合金呈典型的树枝晶组织，枝晶组织规则，排列整齐。图 3.2 为 Ni_3Al 基单晶合金组织的背散射电子图像，从图中可以看出，合金的枝晶干组织由方块状 γ'相和网格状 γ 相组成，枝晶干处的 γ'相是在合金凝固后从 γ 相过饱和固溶体中脱溶析出的，称为次生 γ'相。枝晶

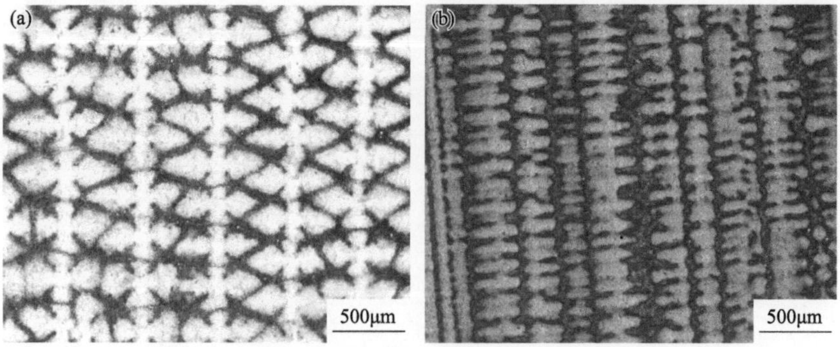

图 3.1 铸态 Ni_3Al 基单晶合金组织的金相组织形貌

间组织主要由网状 γ 相、细小 γ′相、粗大 γ′相、白色块状相和灰色块状相组成，如图 3.2 所示。细小 γ′相为从 γ 相中脱溶析出，而粗大 γ′相为后凝固液相达到共晶成分后直接从液相析出的共晶相。

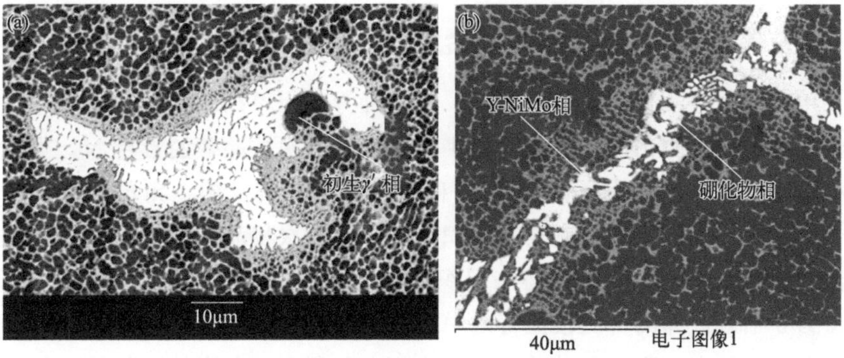

图 3.2 Ni_3Al 基单晶合金组织的背散射电子图像

图 3.3 为 Ni_3Al 基单晶合金组织的线扫描分析，从 A 点位置扫描到 B 点位置，可见当电子束两次经过白色相时，Al 元素和 Ni 元素的含量均降低，而 Mo 元素的含量升高，结合相关研究可知，白色相为 Y-NiMo 相，灰色块状相为硼化物相（由于 B 元素的原子序数较小，电子探针分析误差较大，故没有 B 原子的线扫描分析）。从图中可以看出，Y-NiMo 相和硼化物相共生，呈鱼骨状或块状，是在凝固过程中与初生共晶 γ′相从液态同时析出的。不均匀分布的大块 Y-NiMo 相的析出使 γ 相和 γ′相中的 Mo 含量降低，Mo 的强化作用减弱。Y-NiMo 相是一种亚稳相，可通过固溶处理消除，使 Mo 回溶到 γ 相和 γ′相中。硼化物相为低熔点相，会影响合金的初熔温度，依然可以通过固溶处理使之回溶到基体中。

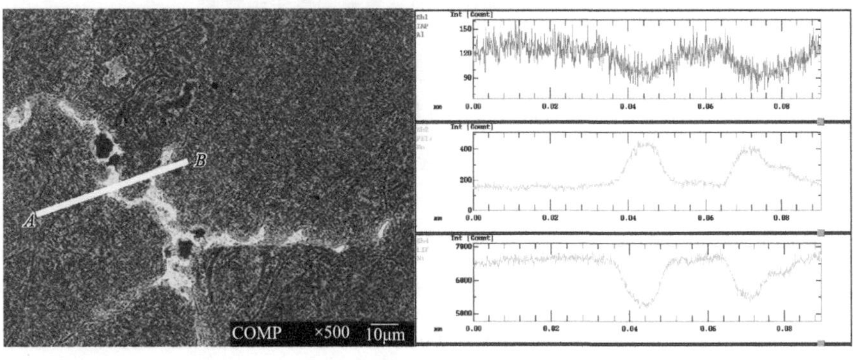

图 3.3 Ni_3Al 基单晶合金组织的线扫描分析

3.2 拉晶速率对单晶生长的影响机制

3.2.1 拉晶速率对 Ni_3Al 基单晶合金一次枝晶间距的影响

采用两种方法测量一次枝晶间距。第 1 种方法为单晶测量中传统的一次枝晶间距测量方法，即测出测试面积内每平方毫米的一次枝晶臂的数目 N，据此算出一次枝晶间距 $\lambda_1=N^{-1/2}$(mm)。第 2 种方法为笔者研发的三角形测量法：至少在每个单晶横截面上采集 6 张铸态组织照片进行一次枝晶间距测量，测量采用三角形法，如图 3.4 所示，每张铸态组织照片上取 10 个三角形，每个三角形的 3 个顶点为 3 个最近邻的一次枝晶臂的中心，3 边长即为此 3 个一次枝晶臂的间距。各三角形可以共点，但不能共线。用 6 个面上的所有三角形的边长平均值来表征此试棒的一次枝晶间距，对相同的拉晶速率下的试棒，要取平均值来表征这个拉晶速率下的一次枝晶间距。

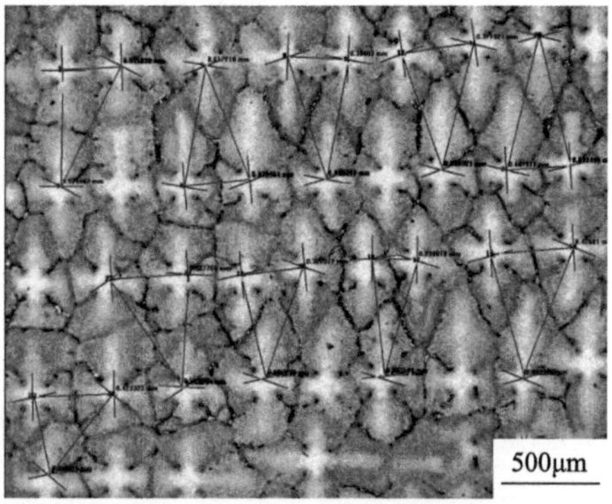

图 3.4 一次枝晶间距的三角形测量法示意图

Ni_3Al 基单晶合金的凝固组织随拉晶速率变化的宏观枝晶形貌如图 3.5 所示。由图可见，在 1.5～6.0mm/min 的拉晶速率范围内，凝固组织为树枝状，随着拉晶速率的增加，二次枝晶臂越来越细小，在个别二次枝晶臂上逐渐生长出三次枝晶臂。

一次枝晶间距随拉晶速率（v）的变化曲线如图 3.6 所示，可见随着拉晶速率的增加一次枝晶间距逐渐减小。但是两种方法测定的枝晶间距的数值略有差别，传统方法比三角形测量法的间距普遍偏小，这是传统方法在统计枝晶数目时所选测量面积边界上一次枝晶数目统计不全造成的。

单晶凝固时的拉晶速率（v）和晶体生长固液界面上的温度梯度（G）决定

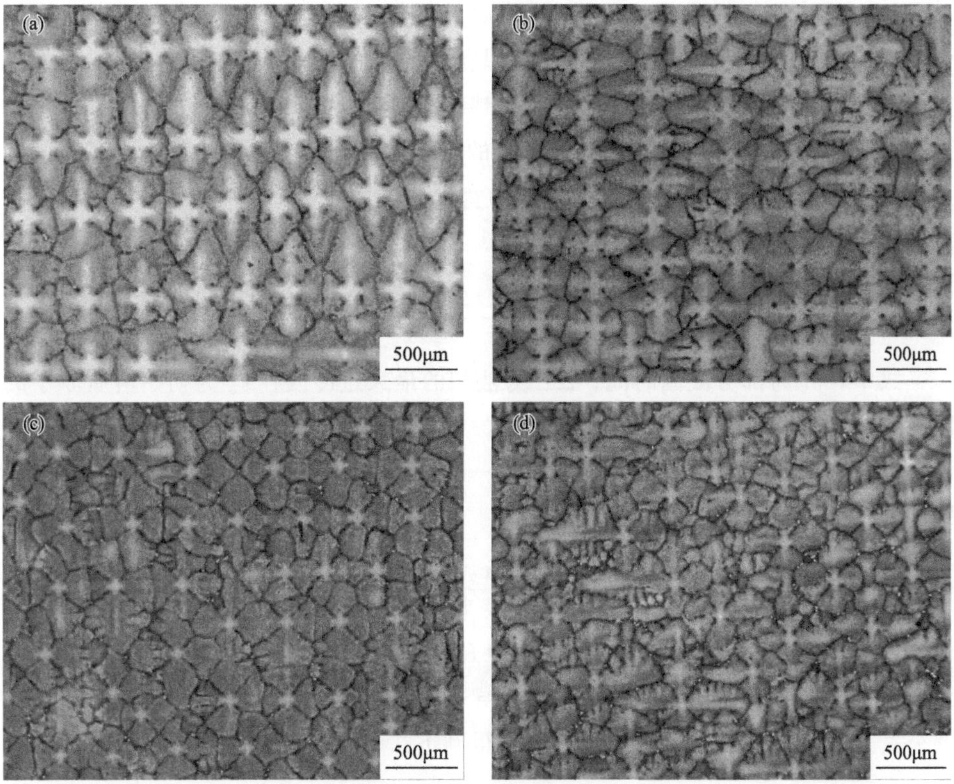

图 3.5 不同拉晶速率下的宏观枝晶形貌

(a) v=1.5mm/min；(b) v=3.0mm/min；(c) v=4.5mm/min；(d) v=6.0mm/min

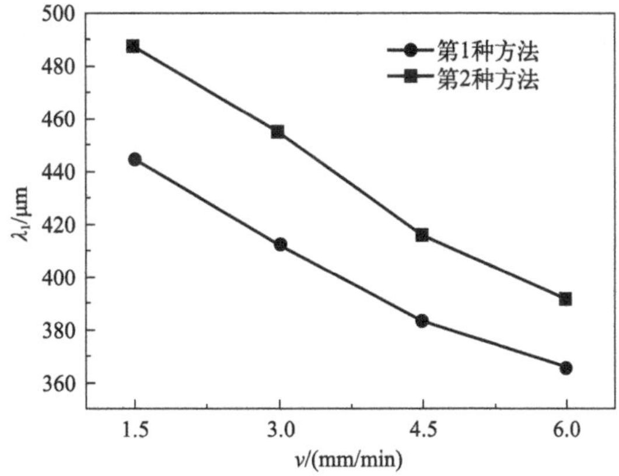

图 3.6 一次枝晶间距与拉晶速率的关系曲线

着定向结晶的温度-速度参数，而它的变化对单晶体内部组织、组成相的弥散度以及相的组成有重要影响。本研究是在固定温度梯度（G），主要改变拉晶速率

(v) 的条件下完成的。Gv 为晶体的冷却速率，v 的增加导致冷却速率 Gv 的增大，冷却速率的增大导致单晶体中的枝晶组织细化，因此随着拉晶速率的增加一次枝晶间距逐渐减小，二次枝晶臂越来越细小。

Brown 等假设，在凝固初期中心处的溶质浓度 x_e 与固液界面处的溶质浓度 x_1 的差值最大，此时两枝晶之间液体的宽度与一次枝晶间距 λ_1 相等，推导出一次枝晶间距的公式为：

$$\lambda_1=\left[\frac{8D\Delta T\theta_f}{m(1-k_0)x_0}\right]^{\frac{1}{2}} \tag{3.1}$$

式中，θ_f 为部分凝固时间；ΔT 为液相的最大过冷度；x_0 为初始溶质原子的浓度；D 为溶质原子的扩散系数。

冈本平等假设溶质能扩散的距离为一次枝晶间距的一半，推导出一次枝晶间距的公式为：

$$\lambda_1=2\left[\frac{mDx_0(k_0-1)}{R_c}\right]^{\frac{1}{2}} \tag{3.2}$$

式中，R_c 为冷却速率，可近似认为 $R_c=Gv$。

上式是在平直固液界面的条件下推导出来的，而固液界面为非平面时不适用此公式，应在式中添加一个修正系数，得到下式：

$$\lambda_1=2\varepsilon\left[\frac{mDx_0(k_0-1)}{R_c}\right]^{\frac{1}{2}} \tag{3.3}$$

式中，ε 为与晶体生长形态相关的修正系数。

俄罗斯学者已证明了在合金 ЖC26 和 ЖC32 中一次枝晶间距 λ_1 与冷却速率 Gv 满足下列关系：

$$\lambda_1=\alpha(Gv)^{-n} \tag{3.4}$$

式中，α 为与合金凝固温度区间 ΔT 成正比的系数；n 为与合金有关的系数。

合金凝固时的成分过冷判别式为：

$$\frac{G}{v}<\frac{mC_0}{D}\,\frac{1-K_0}{K_0} \tag{3.5}$$

式中，m 为液相线斜率；K_0 为平均分配系数；C_0 为合金成分；D 为扩散系数。对于一定合金，m、K_0 和 D 为定值。

只要拉晶速率 (v) 满足成分过冷判别式，晶体就以树枝状方式长大。随着拉晶速率增加，成分过冷程度逐渐增大，使固液界面上的一次枝晶和二次枝晶获得更大的生长速度和生长空间，三次枝晶生长的环境条件得以逐步形成，所以随着拉晶速率的增加逐渐生长出三次枝晶臂。

3.2.2 拉晶速率对 Ni_3Al 基单晶合金 γ' 相的影响

枝晶间的初生 γ'相随拉晶速率变化如图 3.7 所示，由图可见，随着拉晶速率的增加，枝晶间的初生 γ'相的数量逐渐增多，在 v =1.5mm/min、3.0mm/min、4.5mm/min 和 6.0mm/min 时，γ'相所占的体积分数分别为 0.07%、0.18%、0.36%和 0.77%。枝晶干和枝晶间的 γ'相尺寸随拉晶速率变化见图 3.8 和图 3.9，由图可见，与普通镍基高温合金不同，Ni_3Al 基单晶合金的枝晶干处 γ'相尺寸大于枝晶间处的 γ'相。随着拉晶速率的增加，枝晶干和枝晶间的 γ'相尺寸都逐渐减小，由形状不规则逐渐立方化。枝晶干处 γ'相平均尺寸由约 3μm 减小到约 1.3μm，枝晶间处 γ'相平均尺寸由约 1.6μm 减小到约 0.8μm（图 3.10）。

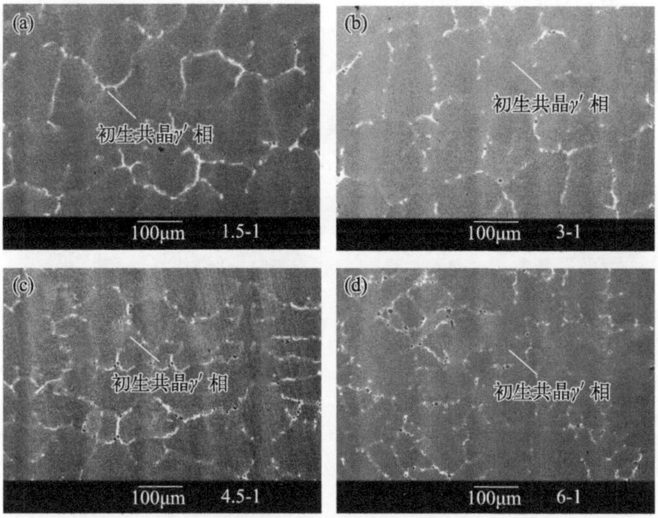

图 3.7 不同拉晶速率下枝晶干和枝晶间的微观形貌

(a) v=1.5mm/min；(b) v=3.0mm/min；(c) v=4.5mm/min (d) v=6.0mm/min

枝晶间处的初生 γ'相随着枝晶间的残余液相达到共晶成分，从而生成大块初生共晶 γ'相。随着拉晶速率（v）的增加，枝晶间达到共晶成分的残余液相逐渐增多，所以大块初生共晶 γ'相的数量随之增多。

枝晶干和枝晶间的此种 γ'相是从 γ 相的过饱和固溶体中共格脱溶沉淀出来的，由于 γ'相的 fcc 晶体结构和晶格常数与 γ 相相近，γ'沉淀相能够均匀形核，同时具有较低的表面能和长时间的稳定性。γ'相的形状与它和 γ 相的晶格错配度有关，Hagel、Beattie 研究发现，在晶格错配度为 0～0.2%时，γ'相为球状；晶格错配度为 0.5%～1.0%时，γ'相为立方体；当晶格错配度高于大约 1.25%时，γ'相变为片状。本研究的 Ni_3Al 基单晶合金中 γ 相和 γ'相之间的错配度为

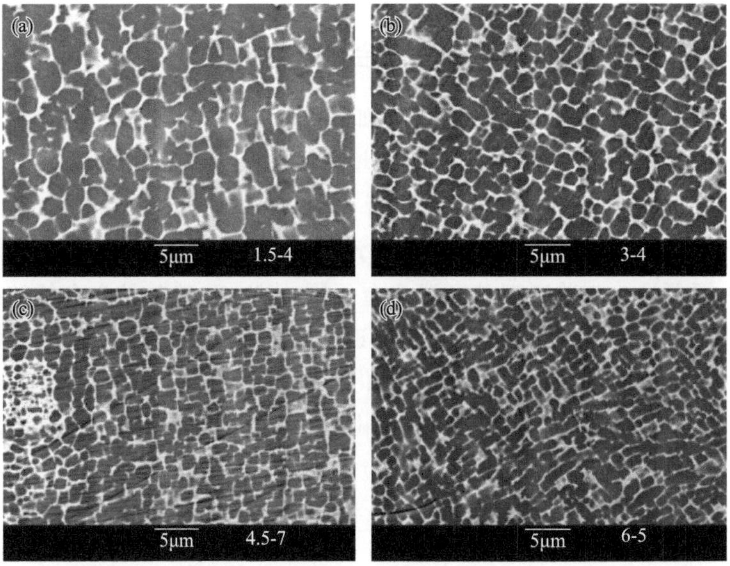

图 3.8 不同拉晶速率下枝晶干处的 γ' 相的微观形貌

(a) v=1.5mm/min；(b) v=3.0mm/min；(c) v=4.5mm/min (d) v=6.0mm/min

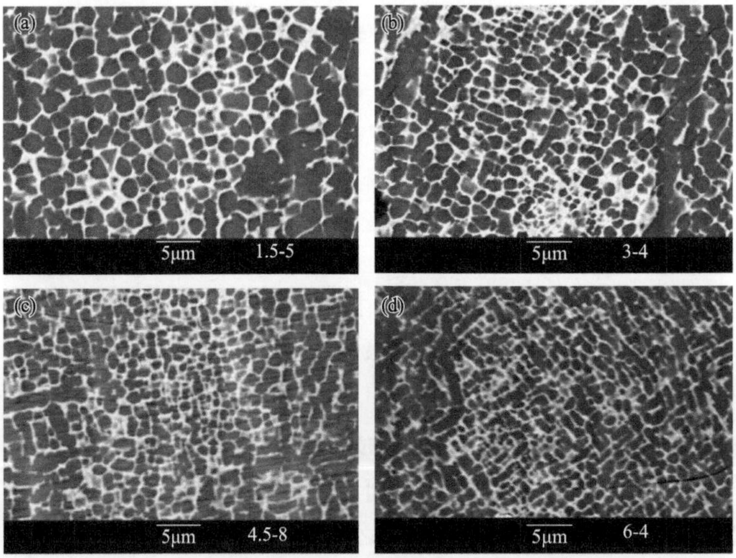

图 3.9 不同拉晶速率下枝晶间处的 γ' 相的微观形貌

(a) v=1.5mm/min；(b) v=3.0mm/min；(c) v=4.5mm/min (d) v=6.0mm/min

1.185%，所以 Ni_3Al 基单晶合金的 γ' 相形状为立方体。

从过饱和固溶体 γ 母相中脱溶析出 γ' 相的临界形核功为

$$\Delta G^* = \frac{16\pi\beta_{\gamma/\gamma'}^3}{3(\Delta G_v + \Delta G_\varepsilon)^2} \tag{3.6}$$

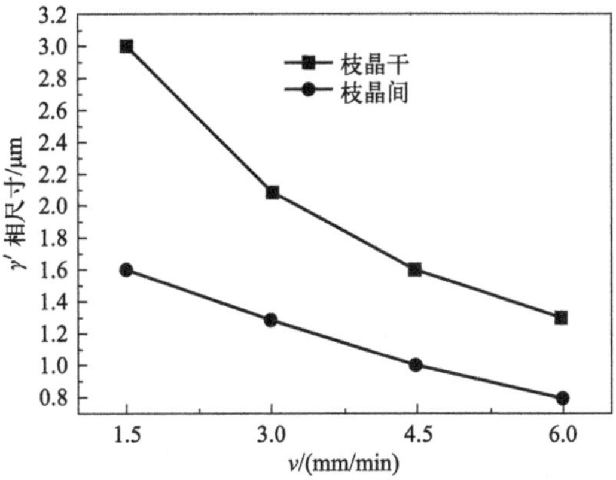

图 3.10　不同拉晶速率下枝晶干和枝晶间处 γ' 相尺寸

式中，ΔG^* 为从 γ 母相中脱溶析出 γ' 相的临界形核功；ΔG_v，ΔG_ε 分别为析出单位体积 γ' 相所引起的化学自由能及应变能的变化；$\beta_{\gamma/\gamma'}$ 为单位界面自由能。因为 γ 相和 γ' 同为 fcc 晶体结构，晶格常数相近，故而 $\beta_{\gamma/\gamma'}$ 的值较小，使 γ' 沉淀相能够非常容易从 γ 母相中共格脱溶析出。

从统计学的角度看，晶核的出现、长大、消失均由热运动的涨落引起。当拉晶速率 v 较小时，单晶合金的冷却速率 Gv 较小，成分过冷程度也较小，故而晶核形成并得以长大的数量很少，而其长大的时间又很长，所以脱溶析出 γ' 相的尺寸就粗大。随着拉晶速率 v 的增加，冷却速率 Gv 逐渐增大，成分过冷程度也增大，因此脱溶析出 γ' 相的尺寸逐渐减小。

枝晶干处的 γ' 相先于枝晶间处的 γ' 相形核析出，形核时间较早，所以其长大时间比枝晶间的 γ' 相长，在其形核长大过程中有足够的 Al 提供，所以枝晶干处的 γ' 相尺寸大于枝晶间处的 γ' 相。另外，枝晶间处存在着大块初生共晶 γ' 相，这种初生 γ' 相消耗了大量枝晶间有限存在的 Al，进而限制了枝晶间脱溶析出 γ' 相的长大，这也导致了枝晶干处的 γ' 相尺寸大于枝晶间处的 γ' 相。

3.2.3　拉晶速率对 Ni_3Al 基单晶合金晶体取向的影响

前面研究表明，在一定温度梯度条件下，随着拉晶速率的增加，一次枝晶间距逐渐减小，初生 γ' 相数量逐渐增多，次生 γ' 相尺寸逐渐减小，而对于晶体结构为面心立方的单晶合金，在生长过程中具有强烈的各向异性，其择优生长方向为＜001＞，因而研究拉晶速率对 Ni_3Al 基单晶合金晶体取向的影响是十分重要的。

不同拉晶速率下生长得到 Ni_3Al 基单晶合金试样的晶体取向列于表 3.1 中，将取向结果转换到极图中表示，拉晶速率对 Ni_3Al 基单晶合金晶体取向的影响规律如图 3.11 所示，可见随着拉晶速率的增加晶体取向的分散度逐渐增大。当拉晶速率为 1.5mm/min 时，单晶试样的晶体取向全为＜001＞，并且最大偏离值为 10°。当拉晶速率增大到 3.0mm/min 时，出现了晶体取向为＜111＞的单晶试样，并且＜001＞试样的取向最大偏离值为 15°。当拉晶速率继续增大到 4.5mm/min 时，单晶试样的晶体取向更加混乱，其中晶体取向为＜001＞的单晶试样有 7 个，并且最大偏离值为 17°，晶体取向为＜111＞的单晶试样有 2 个，晶体取向为＜011＞的单晶试样有 3 个。当拉晶速率增大到 6.0mm/min 时，单晶试样的晶体取向混乱程度进一步增加，其中晶体取向为＜001＞的单晶试样仅剩 4 个，并且最大偏离值为 21°，晶体取向为＜111＞的单晶试样有 5 个，晶体取向为＜011＞的单晶试样有 3 个。

表 3.1 不同拉晶速率单晶试样的晶体取向

拉晶速率/(mm/min)	试样编号	取向偏离度/(°)						
		＜001＞	＜113＞	＜012＞	＜011＞	＜133＞	＜111＞	＜112＞
1.5	1	7	18	23				
	2	3	23	23				
	3	7	20	21				
	4	7	22	20				
	5	9	17	22				
	6	2	23	24				
	7	10	15	19				
	8	3	25	24				
	9	10	18	16				
	10	9	16	20				
	11	6	21	20				
	12	8	22	24				
3.0	1	7	18	23				
	2	14		22				22
	3	7	20	21				
	4		12			16	18	
	5	9	17	22				
	6	13	14	16				
	7	10	15	19				
	8	14	17	11				
	9	10	18	16				
	10	9	16	20				
	11	6	21	20				
	12	15	16	10				

续表

拉晶速率/(mm/min)	试样编号	取向偏离度/(°)						
		＜001＞	＜113＞	＜012＞	＜011＞	＜133＞	＜111＞	＜112＞
4.5	1	10	19	16				
	2	8	17	19				
	3	7	19	19				
	4			14	11	11		
	5	12	17	14				
	6					20	2	14
	7	17	15	9				
	8			22	14	4		
	9	7	21	19				
	10			18	4	13		
	11	12	14	15				
	12					17	14	5
6.0	1	6	18	22				
	2			12	15	12		
	3					25	27	11
	4	13	17	13				
	5		15			12	23	
	6			10	16	14		
	7		14			16	16	
	8					13	18	7
	9	21	13	8				
	10					5	18	18
	11	14	11	21				
	12			12	16	12		

拉晶速率与晶体取向偏离＜001＞取向值的关系如图 3.12 所示，可见随着拉晶速率的增大，晶体取向为＜001＞的单晶试样的偏离值逐渐增大，即偏离热流方向的夹角逐渐增大。

由上可知，拉晶速率直接影响着 Ni_3Al 基单晶合金的晶体取向，随着拉晶速率由 1.5mm/min 增加到 6.0mm/min，单晶试样的晶体取向偏离值逐渐增大，并逐渐生长出＜111＞和＜011＞晶体取向的单晶体，晶体取向的分散度逐渐增加，单晶合金的晶体取向逐渐趋于无序化。

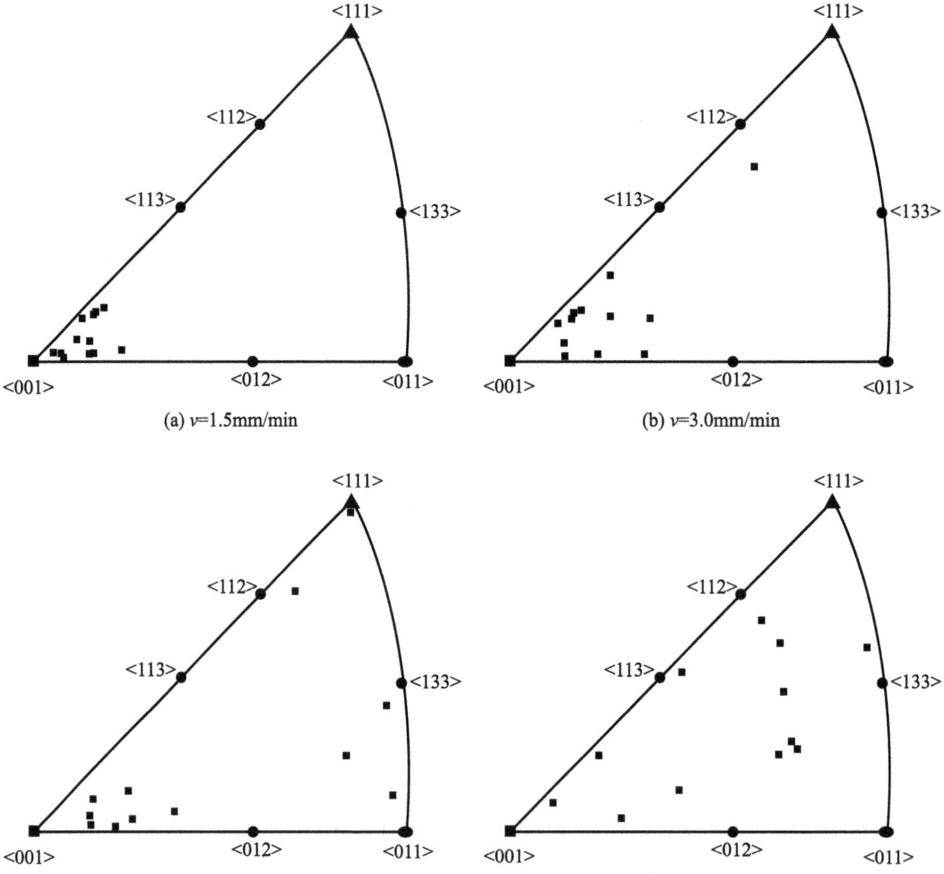

(a) v=1.5mm/min (b) v=3.0mm/min

(c) v=4.5mm/min (d) v=6.0mm/min

图 3.11 拉晶速率对 Ni_3Al 基单晶合金晶体取向的影响规律

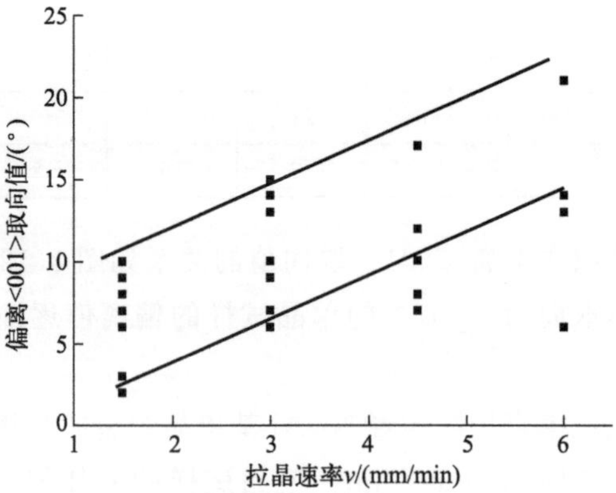

图 3.12 拉晶速率与晶体取向最大偏离值的关系

3.3 锥状过渡段对单晶生长的影响机理

有学者研究了螺旋选晶法和缩颈选晶法的选晶机理及对单晶生长的影响规律，通过计算机模拟及实验研究了螺旋角对选晶行为的影响机制。但研究者一直忽视了选晶器与零件的结合部位的研究，这种结合部位一定是渐变的，不能存在截面的突变，故而本书采用锥状过渡形式，研究锥状过渡段的锥角对 Ni_3Al 基单晶合金单晶生长的影响机理，为以后提高单晶合金的制备工艺水平提供理论依据。

3.3.1 锥状过渡段对单晶晶体取向的影响

图 3.13 为添加锥状过渡段的螺旋选晶器实物图，其中示意了锥状过渡段的角度定义方法。表 3.2 为锥状过渡段对 Ni_3Al 基合金晶体取向的影响，可以明显看出，当单晶制备过程中不添加锥状过渡段时，＜001＞取向的单晶比率全在 40%以下，而添加锥状过渡段后，＜001＞取向的单晶比率提高到 50%以上，最后通过工艺优化，＜001＞取向的单晶比率提高到 90%以上。在没有添加过渡段时，单晶生长过程中存在突然的截面放大，这种突变对单晶生长所必需的定向热流产生巨大影响，故而会在截面变化的某些位置形成低温区，进而形核并长大，如图 3.14 所示。这种形成的晶粒并不是经过选晶器淘汰而得到的晶粒，取向是随机的，这种晶粒和选晶得到的晶粒在后续的晶体生长过程中竞争生长，如果此晶粒竞争胜出，生长的单晶体取向一样是随机的，所以对单晶的晶体生长影响很大。由此可见，单晶制备过程中有无锥状过渡段对 Ni_3Al 基单晶合金晶体取向影响显著，添加锥状过渡段可以显著提高＜001＞取向单晶合金的比率。

表 3.2 不同批次 Ni_3Al 基合金的晶体取向

批次	有无过渡段	总数	晶体取向			＜001＞比率/%
			＜001＞	＜011＞	＜111＞	
1	无	9	2	2	5	22
2	无	8	3	4	1	37.5
3	无	18	7	6	5	39
4	无	10	4	5	1	40
5	有	36	18	13	5	50
6	有	12	7	4	1	58
7	有	20	12	6	2	60
8	有	12	11	0	1	92

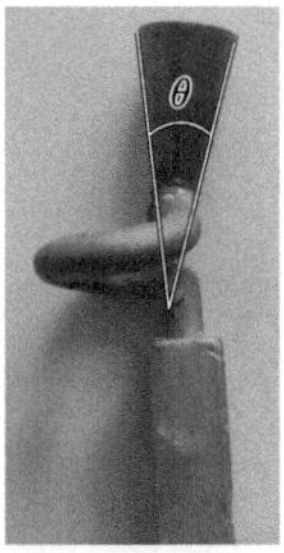

图 3.13　添加锥状过渡段的螺旋选晶器实物图

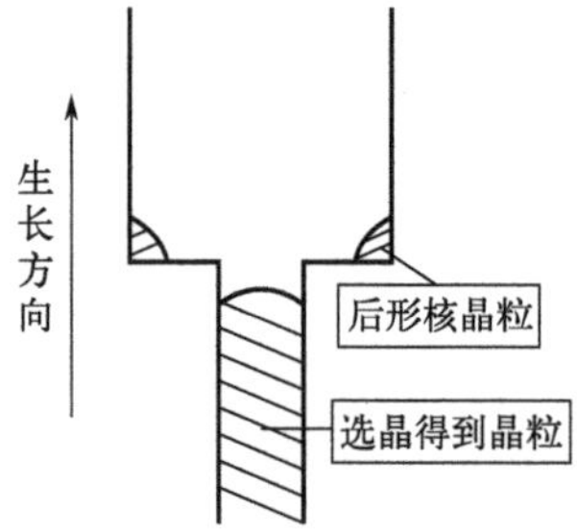

图 3.14　变截面处形核晶粒示意图

3.3.2　锥状过渡段对单晶一次枝晶间距的影响

图 3.15 为采用不同角度锥状过渡段制备所得 Ni_3Al 基单晶合金的横、纵剖面微观组织金相图。表 3.3 为采用不同角度锥状过渡段制备所得 Ni_3Al 基单晶合金的一次枝晶间距。可见，随着锥状过渡段的角度由 20°逐渐增加到 43°，一次枝晶间距逐渐增大，由 435μm 增加到 586μm，枝晶形态逐渐粗化，在 43°时出现了大量的三次枝晶臂。

T. Okamoto 和 K. Kishitake 研究了不同合金体系的一次枝晶间距，并通过理论计算得出一次枝晶间距 λ_1 的理论计算公式为 $\lambda_1 = 2\varepsilon[-m(1-k)DC_0/v]^{\frac{1}{2}}$ 。式中，λ_1 为一次枝晶间距；ε 为与界面形态相关的系数；m 为液相线斜率；k 为分配系数；D 为溶质在液相中的扩散通量；C_0 为初始浓度；v 为冷却速率。

由上述研究可知，一次枝晶间距与固液界面的形态有直接关系，固液界面的形态与热流的方向是密切相关的，而锥状过渡段的角度直接决定着过渡区的热流方向（如图 3.16 所示）。当锥角从 20°逐渐增加到 43°时，热流方向偏离生长方向的角度增大，固液界面的曲率逐渐增大，单晶合金的枝晶生长偏离生长方向的角度随之增加，故而一次枝晶间距逐渐增大。热流方向与生长方向的偏角越大，垂直于生长方向的温度梯度就越大，所以二次枝晶臂的生长驱动力增大，故而随着过渡段的锥角增大，单晶合金的枝晶逐渐粗化，最终导致了三次枝晶臂的生长。锥状过渡段的角度通过对热流的作用影响着固液界面的形态，进而决定着单晶合金的显微组织。

表 3.3　采用不同角度锥状过渡段制备所得单晶的一次枝晶间距

锥状过渡段角度/(°)	20	30	37	43
一次枝晶间距 λ_1/μm	435	489	561	586

通过以上研究得到以下结论：

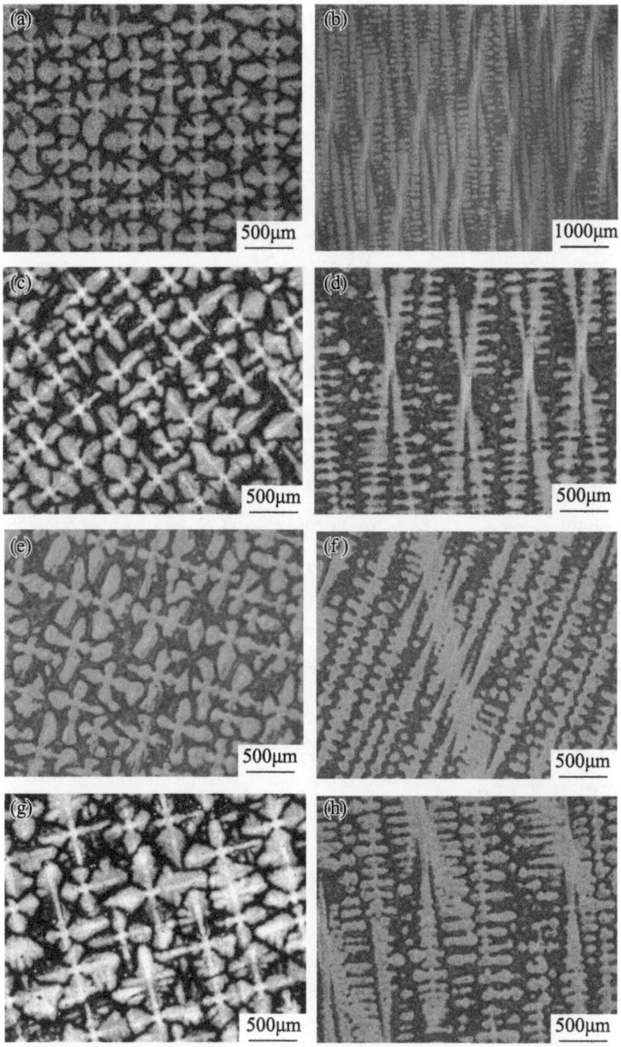

图 3.15 采用不同角度锥状过渡段制备所得单晶的横、纵剖面微观组织

(a)，(b) $\theta=20°$；(c)，(d) $\theta=30°$；(e)，(f) $\theta=37°$；(g)，(h) $\theta=43°$

① 随着拉晶速率从 1.5mm/min 增加到 6mm/min，Ni_3Al 基单晶合金凝固组织为树枝状，一次枝晶间距逐渐减小，由约 480μm 减小到约 390μm。

② 随着拉晶速率的增加，枝晶干和枝晶间处的次生 γ' 相尺寸都逐渐减小，枝晶干处 γ' 相平均尺寸由约 3μm 减小到约 1.3μm，枝晶间处 γ' 相平均尺寸由约 1.6μm 减小到约 0.8μm，且形状由不规则逐渐立方化，枝晶间处的初生共晶 γ' 相的数量逐渐增多，体积分数由约 0.07%增加到约 0.77%。与普通镍基高温合金不同，枝晶干处的 γ' 相尺寸大于它在枝晶间处的尺寸。

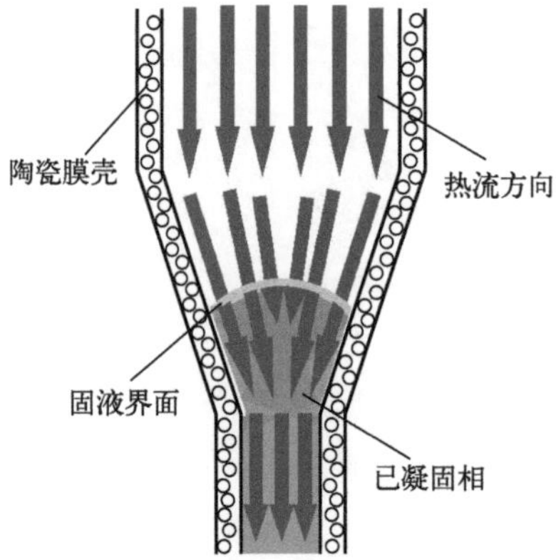

图 3.16　锥状过渡段角度与固液界面的关系

③ 拉晶速率直接影响着 Ni_3Al 基单晶合金的晶体取向，随着拉晶速率由 1.5mm/min 增加到 6.0mm/min，单晶试样的晶体取向偏离值逐渐增大，并逐渐生长出<111>和<011>晶体取向的单晶体，晶体取向的分散度逐渐增加，单晶合金的晶体取向逐渐趋于无序化。

④ 单晶生长过程中不添加锥状过渡段时，<001>取向的单晶比率在 40%以下，添加锥状过渡段后，<001>取向的单晶比率提高到 50%以上，最高可以达到 90%，锥状过渡段可以明显提高单晶合金中<001>取向单晶的比率，制备单晶体时锥状过渡段必不可少。

⑤ 随着锥状过渡段的角度从 20°增加到 43°，一次枝晶间距逐渐增大，由 435μm 增加到 586μm，枝晶形态逐渐粗化，在 43°时出现了大量的三次枝晶臂。

第4章
Ni_3Al基单晶合金疲劳性能研究

燃气涡轮叶片和导向叶片材料在实际服役过程中，在发动机每次启动-停车和加速-减速过程中，都伴随着温度的急剧变化，在叶片不同位置产生极大的温度差，又由于合金各晶体取向热膨胀系数的差别，故而产生很大的热应力。叶片在承受热应力的同时，还长期承受高温及交变载荷的交互作用。热疲劳性能可以很好表征材料在使用过程中的抗热循环的能力，旋转弯曲疲劳可以很好地模拟高温合金工作环境中的复杂应力，因此通过对 Ni_3Al 基单晶合金热疲劳和旋转弯曲疲劳行为的研究，可获得可靠的实验数据，以期指导单晶合金的实际应用。

4.1 Ni_3Al 基单晶合金的热疲劳性能

本节研究了 Ni_3Al 基单晶合金热疲劳性能，测试条件为：1000℃←→20℃水冷，试样加热到规定温度后保温 8min，后迅速置于水中冷却保温 3min，性能数据见表 4.1。由性能数据可知，Ni_3Al 基单晶合金的横向（垂直于单晶生长方向）和纵向（平行于单晶生长方向）试样循环 100 次后的裂纹长度仅为 0.24mm 和 0.39mm，热疲劳性能十分优越。Ni_3Al 基单晶合金横向和纵向热疲劳性能对比如图 4.1 所示，可见单晶合金横向的热疲劳性能优于纵向的热疲劳性能。对于单晶合金，本来没有横向与纵向的差别，其晶体学取向等同，但是对于铸态单晶合金，横向和纵向的枝晶形态是截然不同的。

表 4.1 Ni_3Al 基单晶合金纵向和横向热疲劳性能（1000℃←→20℃）

试样状态	循环次数	裂纹长度/mm
横向	50	0.11
	75	0.18
	100	0.24
纵向	50	0.15
	75	0.21
	100	0.39

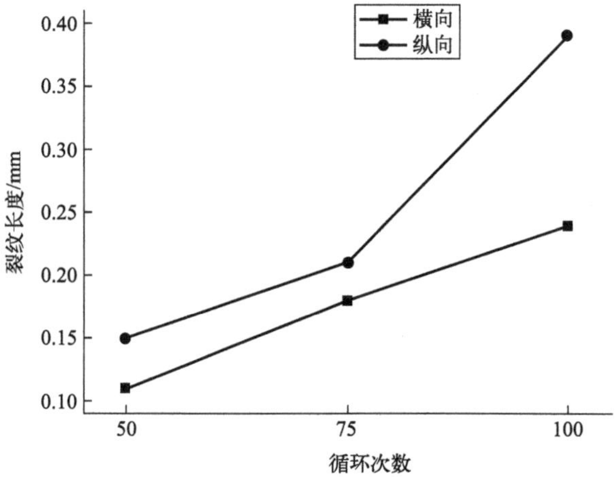

图 4.1 Ni_3Al 基单晶合金横向和纵向热疲劳性能对比

Ni_3Al 基单晶合金横向和纵向试样冷热疲劳循环不同次数后的显微形貌如图 4.2 和图 4.3 所示。可见，随着循环次数的增加，热裂纹不断扩展，而裂纹扩展均在单晶合金的枝晶间进行。相对于定向柱晶合金和等轴晶合金，单晶合金消除了易于产生热裂纹的晶界，但是在热应力的作用下，热裂纹同样需要萌生和扩展，故而相对薄弱的枝晶间区就成了热裂纹易于形成的裂纹源及扩展区域。对于横向单晶合金，裂纹在枝晶间扩展一定距离后即与枝晶干相遇，枝晶干有效阻碍了热裂纹的扩展，而纵向单晶合金，裂纹可以在枝晶间连续扩展而不受到枝晶干的阻碍，原理如图 4.4 所示，所以铸态单晶合金横向的热疲劳性能优于纵向。

研究表明，Ni_3Al 基单晶合金的热疲劳性能十分优越，热裂纹在枝晶间区扩展，枝晶干可以有效阻碍裂纹的扩展。

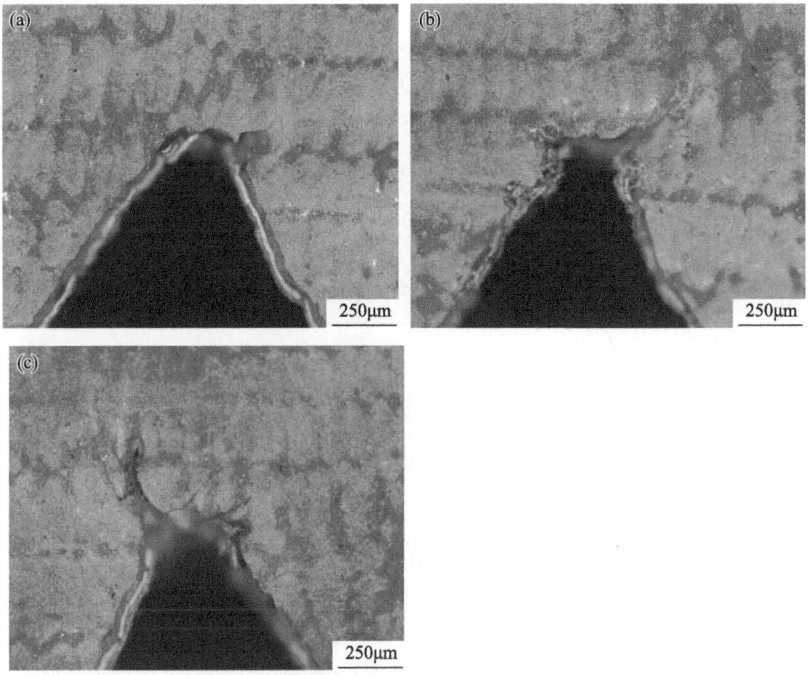

图 4.2 横向单晶合金热裂纹显微组织形貌

(a) 50 次；(b) 75 次；(c) 100 次

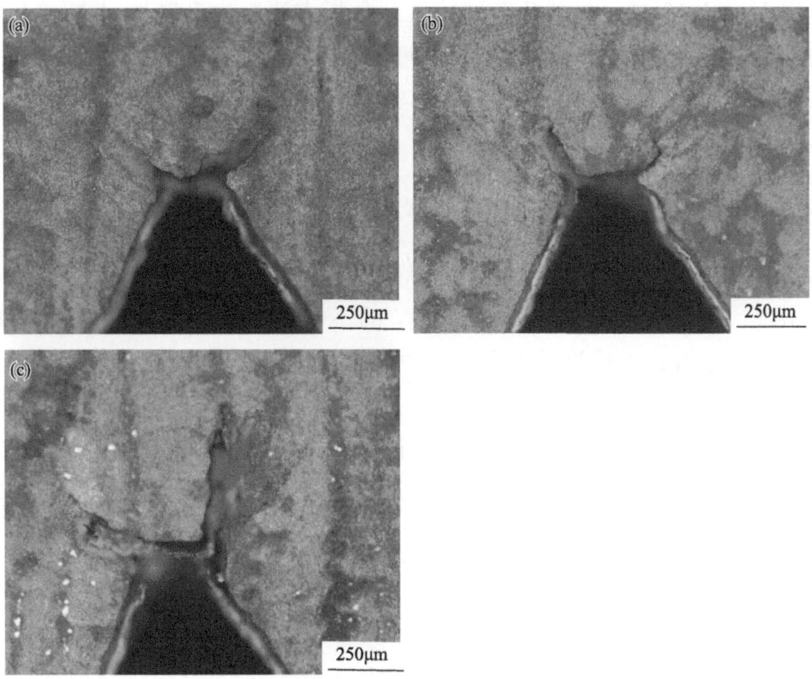

图 4.3 纵向单晶合金热裂纹显微组织形貌

(a) 50 次；(b) 75 次；(c) 100 次

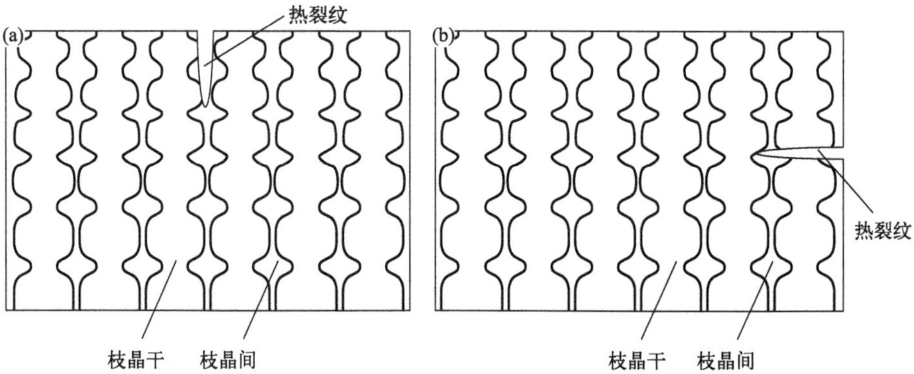

图 4.4　热裂纹在横向和纵向单晶合金中扩展原理图

(a) 纵向；(b) 横向

4.2　Ni_3Al 基单晶合金的旋转弯曲疲劳性能

工程服役材料在交变应力作用下，在应力低于材料的屈服强度时也会发生疲劳断裂，充分分析疲劳断裂的原因，对于采取预防措施具有重要的实际应用意义。

采用 HB/Z112-86《材料疲劳试验统计分析方法》中升降法对 Ni_3Al 基单晶合金的旋转弯曲疲劳性能进行研究，原理为在逐渐降低应力水平的过程中，如果某一试样在第 i 级应力 σ_i 的作用下未达到指定寿命 N 而发生断裂，而依次试验的另一个试样在较低的第 $i+1$ 级应力 σ_{i+1} 的作用下“超出”(达到指定寿命而未断裂)，则对应指定寿命 N 的疲劳强度极大似然估计值为 $\sigma_i^*=\frac{1}{2}(\sigma_i+\sigma_{i+1})$。将 σ_i 和 σ_{i+1} 作为出现相反测试结果的一对数据，当重复以上试验时，则成对数据将会随即出现，从而取得对应一指定寿命 N 的不同 σ_i^* 值，对于应力 σ_i^* 作为随机变量进行统计分析，可推算得到合金的中值疲劳强度和安全疲劳强度。

4.2.1　Ni_3Al 基单晶合金在 760℃下的旋转弯曲疲劳性能

研究了 Ni_3Al 基单晶合金在 760℃下的旋转弯曲疲劳性能，性能数据见表 4.2。旋转弯曲疲劳性能升降曲线如图 4.5 所示。

表 4.2　Ni_3Al 基单晶合金的旋转弯曲疲劳性能（760℃）

编号	试验应力/MPa	试验时间	循环次数 N	断裂情况
1	495	4h31min	1761500	断

续表

编号	试验应力/MPa	试验时间	循环次数 N	断裂情况
2	480	25h39min	$>10^7$	未断
3	495	14h19min	5583500	断
4	480	23h29min	9158500	断
5	465	25h39min	$>10^7$	未断
6	480	15h31min	6051500	断
7	465	5h8min	2002000	断
8	450	25h39min	$>10^7$	未断
9	465	25h39min	$>10^7$	未断
10	480	25h39min	$>10^7$	未断
11	495	12h58min	5057000	断
12	480	2h36min	1014000	断
13	465	25h39min	$>10^7$	未断
14	480	25h39min	$>10^7$	未断

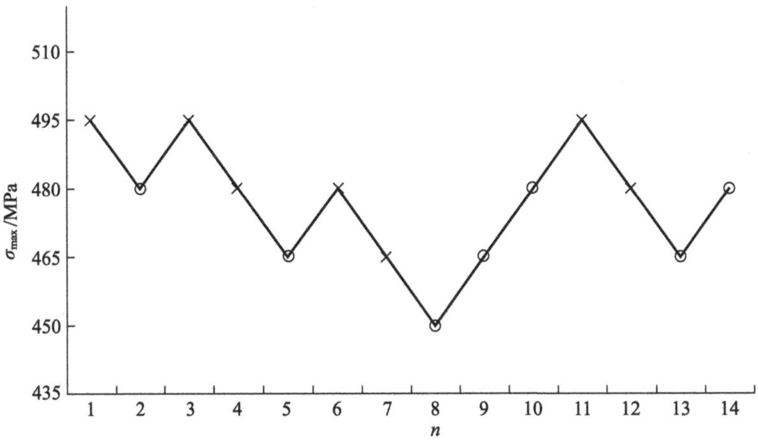

图 4.5　Ni_3Al 基单晶合金 760℃ 旋转弯曲疲劳性能升降曲线

根据升降曲线可知，相邻应力水平的各数据点的配对个数为 7，相应数据列于表 4.3 中。

表 4.3　单晶合金 760℃ 旋转弯曲疲劳对子应力及个数

$\sigma_i \sim \sigma_{i+1}$/MPa	对子应力 σ_i^*/MPa	对子个数 n_i^*
495～480	487.5	3
480～465	472.5	3
465～450	457.5	1

中值疲劳强度是指具有 50%存活率的疲劳强度，可由子样平均值来估计。中值疲劳强度估计量$\hat{\sigma}_{50}$等于以 n_i^* 为权的 σ_i^* 的加权平均值：

$$\hat{\sigma}_{50}=\frac{1}{n^*}\sum n_i^*\sigma_i^* \tag{4.1}$$

式中，n^* 为对子总数。n^* 恰好等于子样大小的一半，故上式称为半子样表达式。

通过上式可推算得出 Ni_3Al 基单晶合金在 760℃时的中值疲劳强度$\hat{\sigma}_{50}$为 476.79MPa。

疲劳强度子样标准差近似按下式计算：

$$S^*=\sqrt{\frac{\sum[(\sigma_i^*-\hat{\sigma}_{50})^2 n_i^*]}{n^*-1}} \tag{4.2}$$

安全疲劳强度估计量$\hat{\sigma}_p$ 按下式计算：

$$\hat{\sigma}_p=\hat{\sigma}_{50}+u_p\beta S^* \tag{4.3}$$

变异系数为：

$$C_V=\frac{S^*}{\hat{\sigma}_{50}} \tag{4.4}$$

根据表 4.3 数据计算，取存活率 $P=99.9\%$，置信度 90%，根据变异系数大小按 HB/Z112-86 中附表 4 可知有效试样个数已足够，再按 HB/Z112-86 中附表 8 查出 β 值为 1.042，按附表 7 查得 $u_p=-3.09$。于是可计算出 99.9%存活率的安全疲劳强度估计值 $\hat{\sigma}_{99.9}$ 为 440.28MPa，弯曲疲劳性能列于表 4.4 中。

表 4.4 单晶合金 760℃旋转弯曲疲劳升降法测试数据处理结果

指定寿命 N_0	对子总数 n^*	中值疲劳强度估计值 $\hat{\sigma}_{50}$/MPa	标准差 S^*/MPa	变异系数 $S^*/\hat{\sigma}_{50}$	安全疲劳强度估计值 $\hat{\sigma}_{99.9}$/MPa
10^7	7	476.79	11.33893	0.02378	440.28

单晶合金在交变应力作用下所产生的滑移与静应力不同，此种滑移是有选择的，总是选择最“弱”的晶面滑移，对于面心立方晶体，滑移总是沿着（111）面进行，也是切应力最大的方向，所以 Ni_3Al 基单晶合金在 760℃下的旋转弯曲疲劳断口均与主应力呈 45°夹角，如图 4.6(a)、图 4.7(a) 和图 4.8(a)，并且断面平整光滑，无缩颈现象。这也证明 Ni_3Al 基单晶合金在 760℃下的变形方式主要以位错滑移为主，基本上没有位错的攀移行为。

单晶合金旋转弯曲疲劳断口形貌如图 4.6(b)、图 4.7(b) 和图 4.8(b) 所示，分析表明，合金的旋转弯曲疲劳断口均由裂纹萌生区、裂纹稳态扩展区和裂纹失稳扩展到瞬间断裂区三部分组成。疲劳裂纹一般从金属表面最“弱”的区域萌生并扩展，而旋转弯曲疲劳加载时，疲劳试样表面所受应力是最大的，疲劳试样表面的薄弱区域，如缩孔、疏松、夹杂物、相界、第二相粒子及位错等多为疲劳裂纹发源地，经过一定的应力循环后，随着裂纹的不断扩展最终导致材料断裂失效。

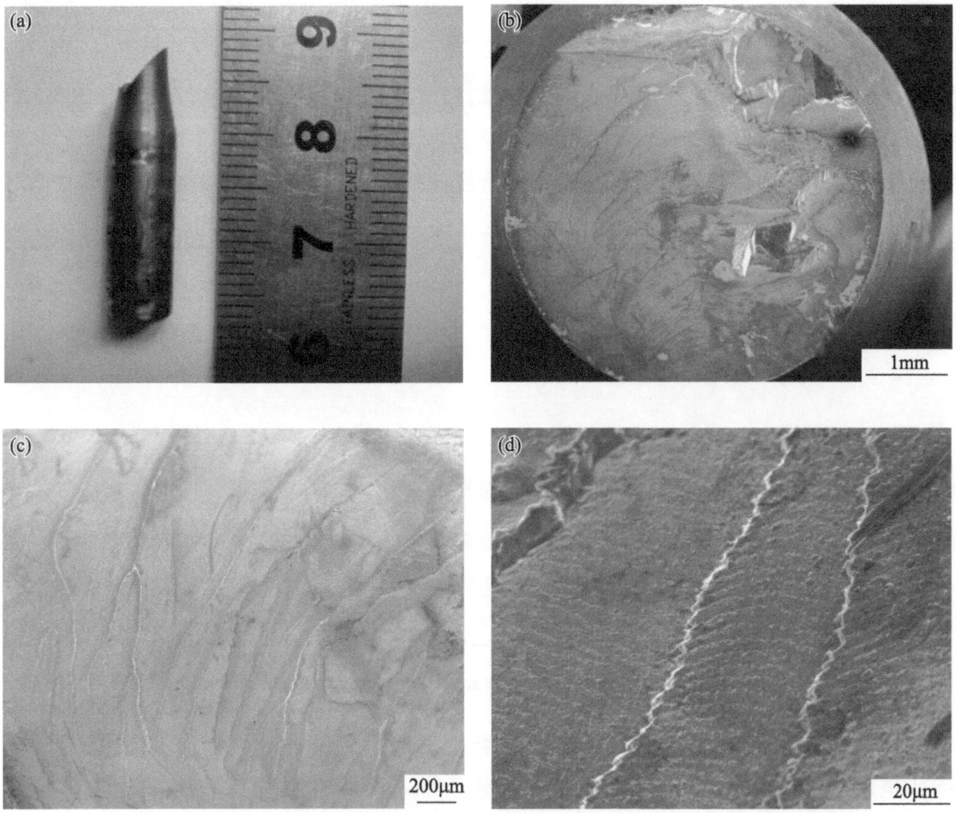

图 4.6 单晶合金疲劳断口形貌（$T=760℃$，$\sigma=495MPa$，$N=5583500$）

(a) 断口侧视图；(b) 断口宏观形貌；(c) 河流花样；(d) 疲劳条带

疲劳源区断口的微观特征是在疲劳裂纹扩展第一阶段中形成的，是由于有效滑移系经过多次交变而形成的滑移面断裂，对于面心立方晶系合金，在疲劳源区可观察到类解理小平面等。类解理小平面的宏观特征有多种表现形式，如呈年轮状、扇形状和河流花样等。Ni_3Al 基单晶合金疲劳断口的裂纹源区呈现典型的河流花样，如图 4.6(c)、图 4.7(c) 和图 4.8(c) 所示。这种河流花样的类解理小平面和体心立方晶系或密排六方晶体合金的脆性断裂时所形成的解理面完全不同，前者是通过缓慢的滑移形成的，后者是沿结合能最低的晶面瞬间断裂形成的。

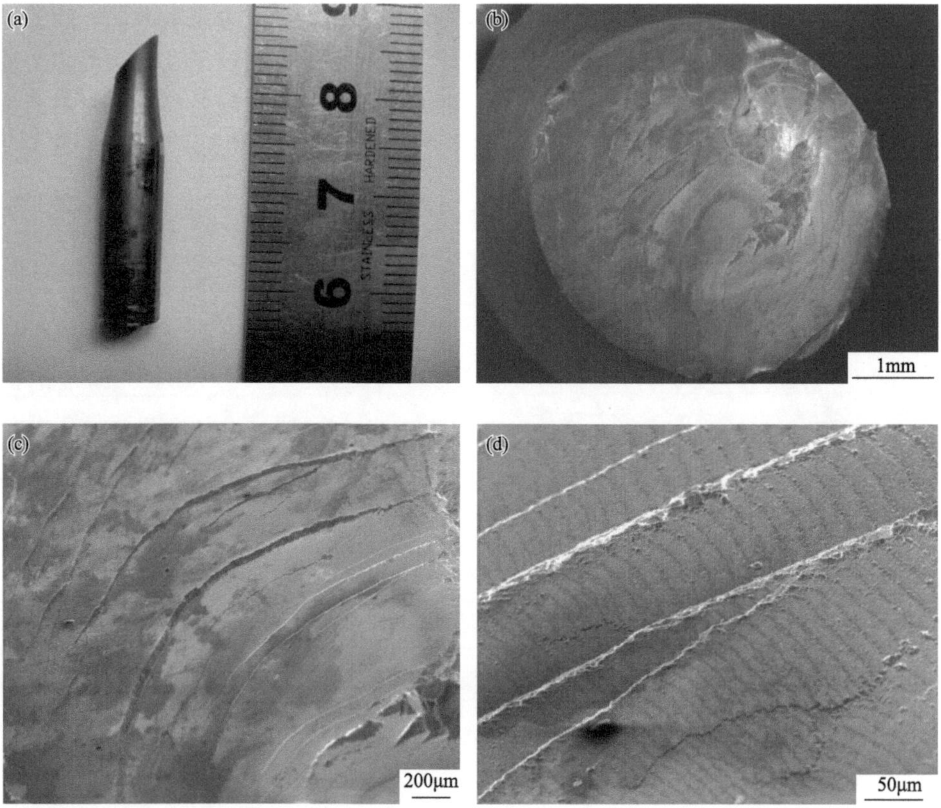

图 4.7 单晶合金疲劳断口形貌（$T=760℃$，$\sigma=480MPa$，$N=9158500$）

（a）断口侧视图；（b）断口宏观形貌；（c）河流花样；（d）疲劳条带

疲劳裂纹扩展一定距离后将进入稳态扩展的第二阶段，此阶段最重要的微观特征是疲劳条带，韧性材料容易形成疲劳条带，而脆性材料比较困难，甚至形不成。疲劳条带是一系列基本上相互平行的波浪形弧状条纹，这些弧状条纹与裂纹局部扩展方向垂直，如图 4.6(d)、图 4.7(d) 和图 4.8(d) 所示。疲劳裂纹在交变应力作用下不断扩展和停滞，当在拉应力作用下时，疲劳裂纹张开并沿滑移面扩展，当应力转变为压应力时，疲劳裂纹扩展停滞，尖端钝化，由于裂纹尖端的应力集中，便在疲劳断口上留下一条疲劳条带。疲劳条带的形成过程可以用 Laird 模型来说明，如图 4.9 所示。图 4.9(a) 交变应力为零，循环刚开始时裂纹处于闭合状态；当拉应力增加［如图 4.9(b) 所示］，裂纹张开，且顶端沿最大切应力方向产生滑移；应力继续增加到如图 4.9(c) 所示的最大拉应力时，裂纹张开最大，相应的塑性变形范围也随之扩大；由于塑性变形，裂纹顶端钝化，应力集中减小，当应力反向时，滑移方向也随之改变，裂纹表面被压拢，如图 4.9(d) 所示；当压应力增加到如图 4.9(e) 所示最大值时，裂纹便完全闭合，并恢复到

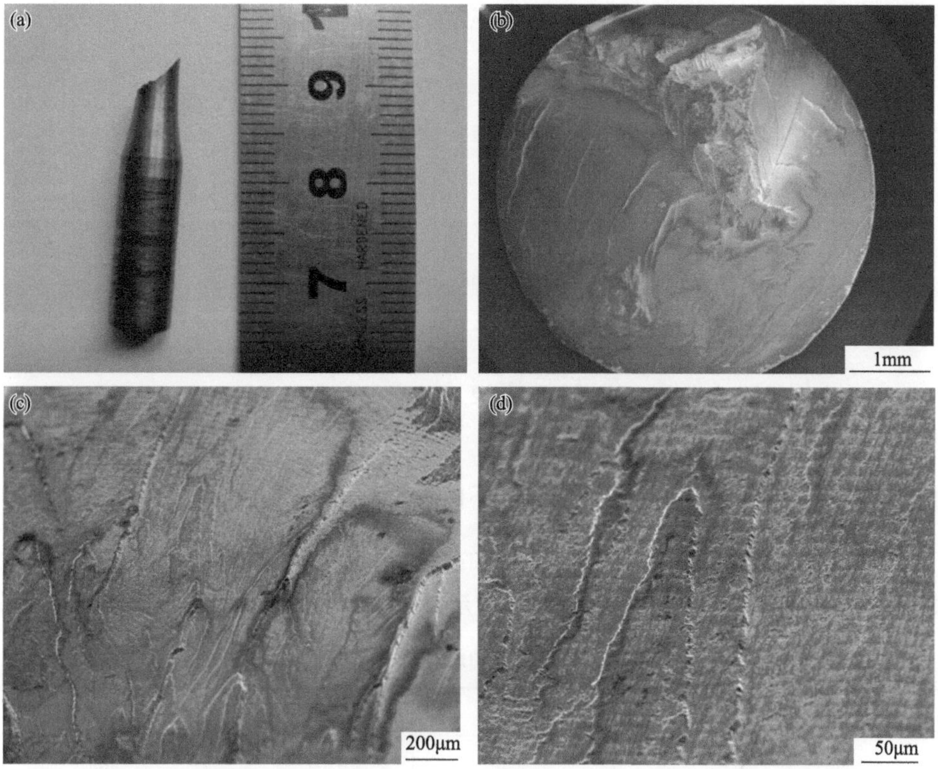

图 4.8　单晶合金疲劳断口形貌（$T=760℃$，$\sigma=465MPa$，$N=2002000$）

（a）断口侧视图；（b）断口宏观形貌；（c）河流花样；（d）疲劳条带

这一周次的开始状态，但是裂纹却扩展了一个相当裂纹扩展速率数值的增量，并且模型显示裂纹扩展主要是在拉应力的半周期产生的。

每一疲劳条带代表一次应力循环，疲劳条带的间距呈规律性变化，与应力强度有函数关系，随着应力的增加疲劳条带的间距逐渐增大，但是同一疲劳断口上不同位置的疲劳条带间距也是不同的，如图 4.10 所示。因为在交变应力作用下，随着疲劳裂纹的扩展，试样截面不同位置承受的应力不同，故而疲劳条带间距有所差异。还可发现沿着裂纹扩展的方向疲劳条带的间距是逐渐增加的，

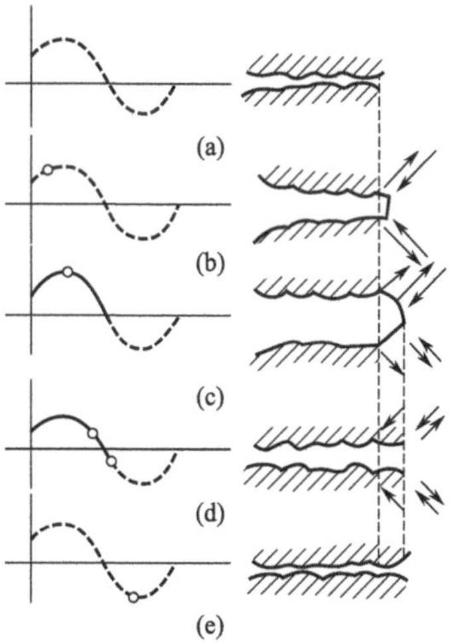

图 4.9　Laird 疲劳裂纹扩展模型

（a）裂纹处于闭合状态；（b）裂纹张开，产生滑移；（c）裂纹张开最大；（d）裂纹表面被压扰；（e）裂纹完全闭合

故很难将不同应力下的疲劳条带间距与应力线性对应起来。

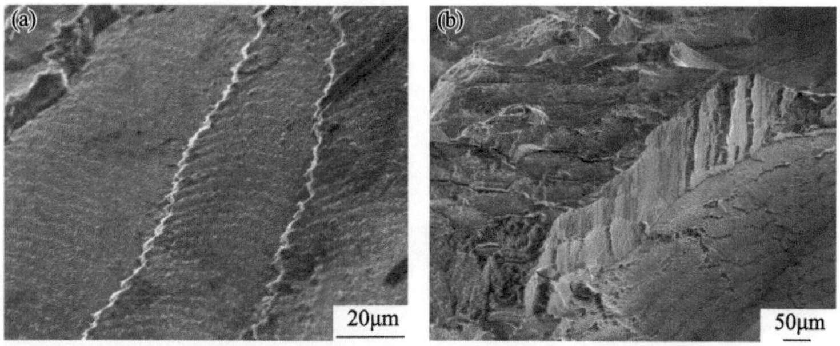

图 4.10 单晶合金不同位置疲劳条带形貌（T=760℃，σ=495MPa，N=5583500）

4.2.2 Ni_3Al 基单晶合金在 900℃下的旋转弯曲疲劳性能

研究了 Ni_3Al 基单晶合金在 900℃下的旋转弯曲疲劳性能，性能数据见表 4.5。旋转弯曲疲劳性能升降曲线如图 4.11 所示。

表 4.5 Ni_3Al 基单晶合金的旋转弯曲疲劳性能（900℃）

编号	试验应力/MPa	试验时间	循环次数 N	断裂情况
1	450	5h30min	2145000	断
2	435	25h39min	$>10^7$	未断
3	450	13h21min	5206500	断
4	435	25h39min	$>10^7$	未断
5	450	25h39min	$>10^7$	未断
6	465	25h39min	$>10^7$	未断
7	480	5h52min	2288000	断
8	465	25h23min	9899500	断
9	450	25h39min	$>10^7$	未断
10	465	25h39min	$>10^7$	未断
11	480	14h33min	5674500	断
12	465	16h38min	6487000	断

根据升降曲线可知，相邻应力水平的各数据点的配对个数为 6，相应数据列于表 4.6 中。

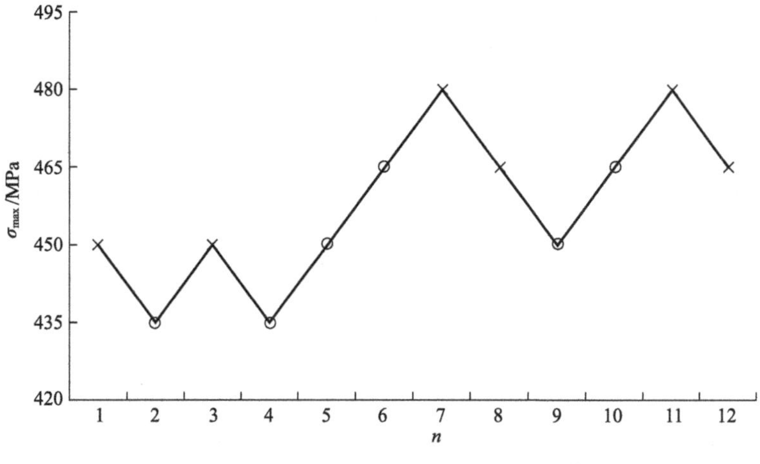

图 4.11　Ni_3Al 基单晶合金 900℃ 旋转弯曲疲劳性能升降曲线

表 4.6　单晶合金 900℃ 旋转弯曲疲劳对子应力及个数

$\sigma_i \sim \sigma_{i+1}$/MPa	对子应力 σ_i^* /MPa	对子个数 n_i^*
480～465	472.5	2
465～450	457.5	2
450～435	442.5	2

推算得出 Ni_3Al 基单晶合金在 900℃ 时的中值疲劳强度估计值 $\hat{\sigma}_{50}$ 为 457.50MPa。取存活率 $P=99.9\%$，置信度 90%，根据变异系数大小按 HB/Z112-86 中附表 4 可知有效试样个数已足够，再按附表 8 查出 β 值为 1.051，按附表 7 查得 $u_p=-3.09$。于是可计算出 99.9%存活率的安全疲劳强度估计值 $\hat{\sigma}_{99.9}$ 为 413.93MPa，弯曲疲劳性能列于表 4.7 中。

表 4.7　900℃ 单晶合金旋转弯曲疲劳升降法测试数据处理结果

指定寿命 N_0	对子总数 n^*	中值疲劳强度估计值 $\hat{\sigma}_{50}$/MPa	标准差 S^* /MPa	变异系数 $S^*/\hat{\sigma}_{50}$	安全疲劳强度估计值 $\hat{\sigma}_{99.9}$/MPa
10^7	6	457.50	13.41641	0.02933	413.93

Ni_3Al 基单晶合金在 900℃下的旋转弯曲疲劳断口形貌如图 4.12～图 4.14 所示。对比 760℃时的形貌可知，试样断口粗糙，平面不再是沿最大切应力方向，而是基本与主应力垂直，这是由于温度的提高，单晶合金的强度下降，合金的变形方式不再只是位错的滑移，由于合金中原子的扩散能力增强，位错的攀移已经可以进行，所以裂纹不仅可以沿着（111）晶面扩展，而且在与主应力垂直的平

面上很容易扩展，最终导致合金的断裂。当应力为 450MPa 时，疲劳源在试样的一端，之后裂纹从一端向另一端扩展，最后发生裂纹失稳瞬时断裂，如图 4.12(b) 所示。随着应力增加到 465MPa，疲劳源不仅仅在试样的一端，而是在试样表面的多处存在，随后裂纹从表面向中间扩展，最后在试样的中间发生裂纹失稳瞬时断裂。应力为 480MPa 时的断裂机制与 465MPa 时相同，如图 4.13(b) 和图 4.14(b) 所示。

单晶合金的疲劳裂纹源区典型的河流花样与裂纹扩展区的疲劳条带形貌如图 4.12～图 4.14 中（c)、(d) 所示，产生机理与合金在 760℃时相同。

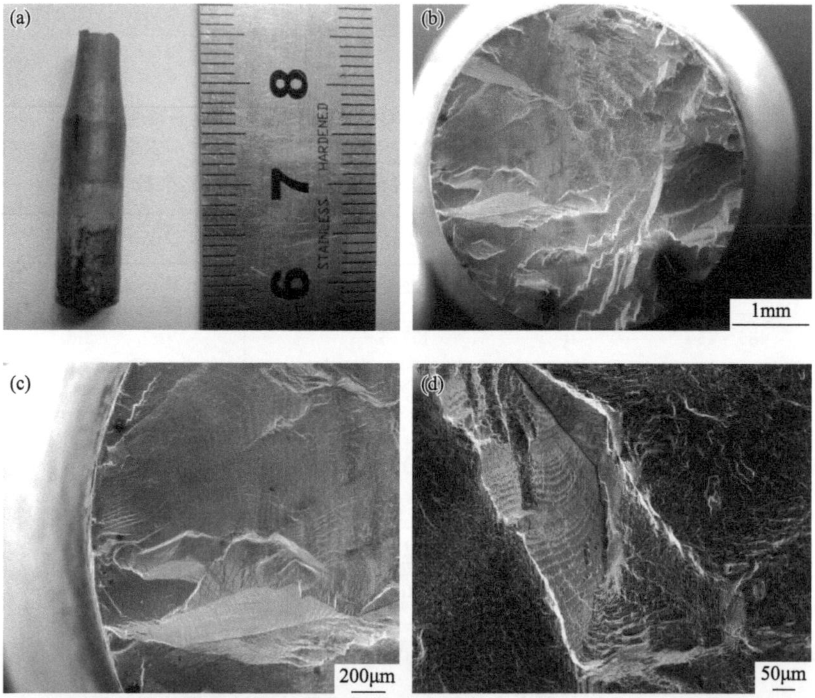

图 4.12 合金疲劳断口形貌（$T=900℃$，$\sigma=450MPa$，$N=2145000$）

(a) 断口侧视图；(b) 断口宏观形貌；(c) 河流花样；(d) 疲劳条带

通过以上研究得到以下结论：

① Ni_3Al 基单晶合金的热疲劳性能十分优越，热裂纹在枝晶间区扩展，枝晶干可以有效阻碍热裂纹的扩展。

② Ni_3Al 基单晶合金在 760℃下的中值疲劳强度估计值为 476.79MPa，安全疲劳强度估计值为 440.28MPa；在 900℃ 下的中值疲劳强度估计值为 457.50MPa，安全疲劳强度估计值为 413.93MPa。

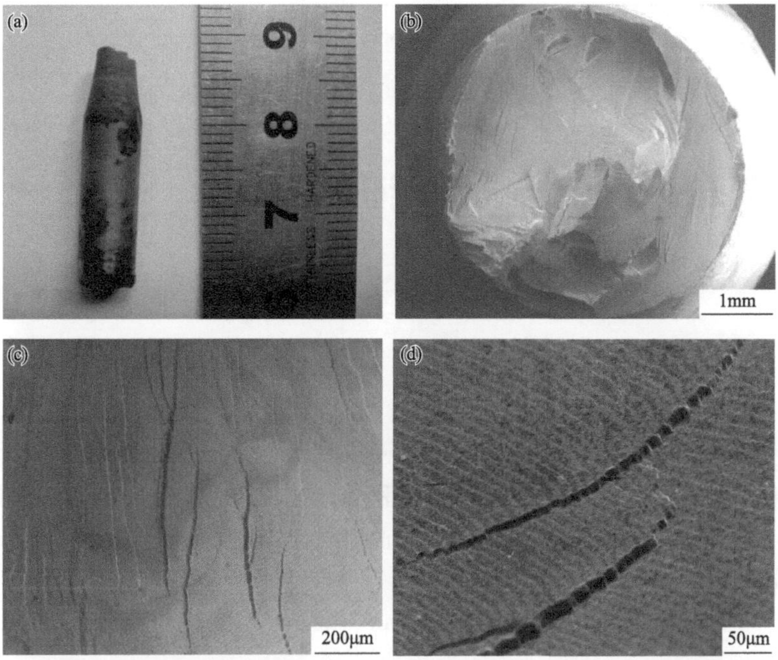

图 4.13　合金疲劳断口形貌（T＝900℃，σ＝465MPa，N＝9899500）

（a）断口侧视图；（b）断口宏观形貌；（c）河流花样；（d）疲劳条带

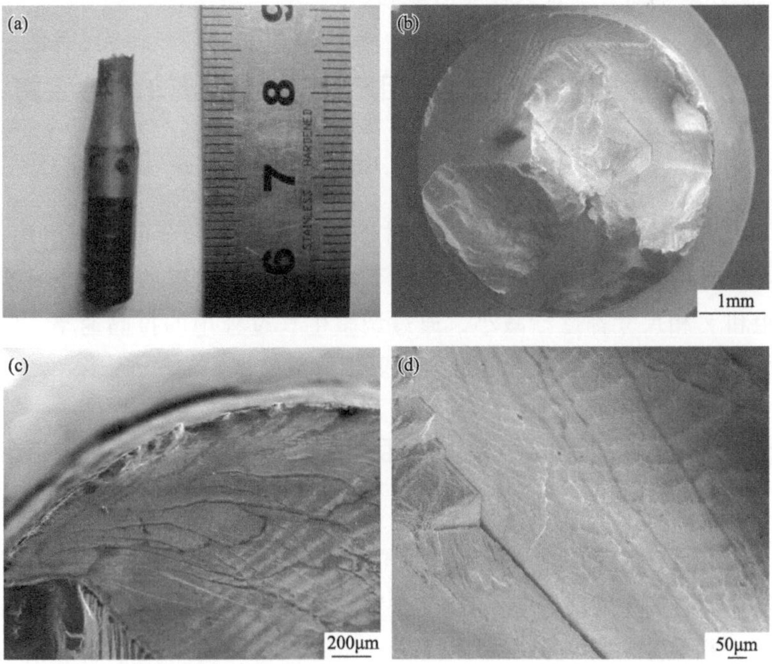

图 4.14　合金疲劳断口形貌（T＝900℃，σ＝480MPa，N＝2288000）

（a）断口侧视图；（b）断口宏观形貌；（c）河流花样；（d）疲劳条带

第 5 章 Ni_3Al基单晶合金持久性能研究

定向凝固技术的发展和单晶高温合金叶片的应用推动着燃气涡轮发动机性能的不断提高。涡轮叶片和导向叶片通常在1000℃以上的高温和一定的应力状态下长期工作，因此研究单晶合金的高温持久变形和断裂机理是至关重要的。

关于热处理、元素含量、熔体过热处理、析出相、小角晶界等因素对单晶高温合金持久性能影响的研究甚多，但枝晶间距及γ'相尺寸对持久性能的影响研究还不多见。本章系统介绍了枝晶间距及γ'相尺寸对Ni_3Al基单晶合金持久性能的影响。

5.1 一次枝晶间距和γ'相尺寸对Ni_3Al基单晶合金持久性能的影响

前文已经研究了拉晶速率对Ni_3Al基单晶合金的微观组织的影响，在定向凝固温度梯度一定的情况下，随着拉晶速率的增加，一次枝晶间距和γ'相尺寸都逐渐减小。通过调整生长过程中的拉晶速率，制备出一次枝晶间距和γ'相尺寸符合实验要求的单晶试棒。

5.1.1 一次枝晶间距和γ'相尺寸对Ni_3Al基单晶合金持久性能的影响

不同一次枝晶间距及γ'相尺寸的Ni_3Al基单晶合金在1100℃/120MPa条件下的持久性能数据列于表5.1中。从表中可以看出，一次枝晶间距及γ'相尺寸对持久性能影响显著，当一次枝晶间距为482μm，枝晶干和枝晶间γ'相尺寸分别为3.0μm和1.6μm时，单晶合金的持久寿命最短，寿命最短只有 9h45min。随着一次枝晶间距及 γ'相尺寸的逐渐减小，持久寿命逐渐增长，当一次枝晶间距为 376μm，枝晶干和枝晶间 γ'相尺寸分别为 1.3μm 和 0.8μm 时，单晶合金的持久寿命最长达到 31h9min。可见，随着显微组织的细化，Ni_3Al 基单晶合金的持久寿命显著提高。

此外，由表 5.1 可以看出，铸态合金试样上、下端持久性能没有明显差异。经统计计算可知，试棒上、下端的一次枝晶间距没有差别，上、下端的合金成分化学分析测定结果如表 5.2 所示，可知试棒上、下端的合金成分没有区别，由于成分和显微组织都没有差别，所以持久性能没有差异。这为单晶叶片的实际制备过程中上、下端的性能均一性提供了数据支持，为单晶叶片组模方式的灵活改变提供了理论基础。

表 5.1 不同状态 Ni_3Al 基单晶合金的持久性能（1100℃/120MPa）

拉晶速率/(mm/min)	一次枝晶间距/μm	γ'相尺寸/μm		取样位置	持久寿命
		枝晶干	枝晶间		
1.5	482	3.0	1.6	上端	9h53min 断
				下端	9h45min 断
				上端	13h15min 断
				下端	14h17min 断
3.0	449	2.2	1.3	上端	13h57min 断
				下端	13h49min 断
				上端	16h37min 断
				下端	12h58min 断
4.5	418	1.6	1.0	上端	13h13min 断
				下端	12h10min 断
				上端	15h7min 断
				下端	16h43min 断
6.0	376	1.3	0.8	上端	21h34min 断
				下端	31h9min 断

表 5.2 试棒不同位置的化学成分分析 单位：%

试棒位置	Ni	Al	Mo	B	Si
上端	余量	7.592	14.00	0.0281	0.1812
中上端	余量	7.665	14.08	0.0328	0.1860
中下端	余量	7.675	14.17	0.0327	0.1853
下端	余量	7.648	14.17	0.0300	0.1803

5.1.2 断裂断口组织形貌分析

图 5.1 为不同一次枝晶间距及 γ' 相尺寸的 Ni_3Al 基单晶合金试样在 1100°C/120MPa 条件下持久试验断裂后断口附近纵向组织形貌。可见，在断口附近聚集了大量裂纹和孔洞，裂纹主要存在于枝晶间，萌生于白色的 Y-NiMo 相的界面与内部，这些裂纹在应力的作用下扩展逐渐合并长大成孔洞，最终引起试样的失效断裂。Ni_3Al 基单晶合金在凝固过程中存在严重的元素偏析，枝晶间处存在大量的 Y-NiMo 相，这种脆性相与基体的界面结合强度很低，裂纹很容易在此处萌生而成为合金力学性能的薄弱环节，在应力的作用下这些微裂纹将在 Y-NiMo 相与

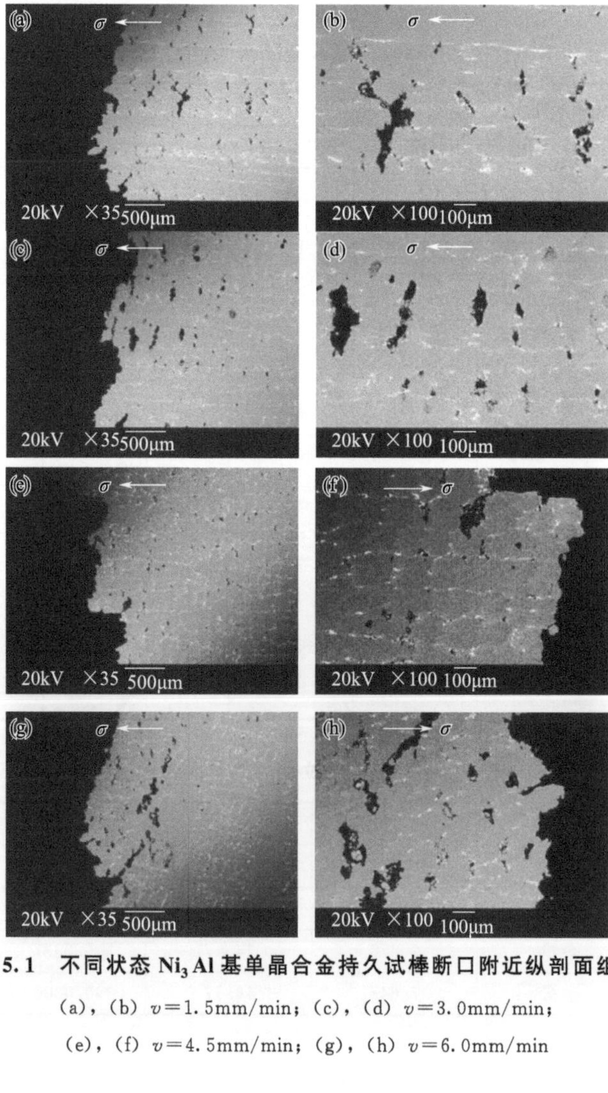

图 5.1 不同状态 Ni_3Al 基单晶合金持久试棒断口附近纵剖面组织

(a)，(b) v=1.5mm/min；(c)，(d) v=3.0mm/min；

(e)，(f) v=4.5mm/min；(g)，(h) v=6.0mm/min

基体的界面上扩展生长为宏观裂纹，产生的大量宏观裂纹将扩展连接，迅速合并长大成为空洞，随着空洞体积的增大和数量的增多，试样强度逐渐下降，在应力的长期作用下最终试样中与应力垂直的横向宏观裂纹和空洞迅速聚集合并引起失效断裂。

铸态 Ni_3Al 基单晶合金试样在 1100℃/120MPa 持久条件下断裂后距离断口不同位置处的显微组织如图 5.2 所示，此单晶试样拉晶速率为 1.5mm/min。由图可见，持久试验后，在应力和高温的长时间作用下，γ'相发生了沿某个方向的择优长大，即发生了定向粗化，这是由于合金中的元素沿一定方向发生了定向扩散，使立方状 γ'相逐渐粗化长大。如图 5.2(a) 所示，在断口处 γ'相已经粗化合并长大，相互连通，而且与应力轴存在一定的角度关系。“筏排”组织的形成与持久时间关系密切，由于铸态合金中存在严重的元素偏析，持久寿命较短，所以试验中 γ'相还未形成完整的“筏排”组织，只是存在粗化长大现象。随着远离断口，在距离断口 3mm 处，γ'相的形貌变化不大 [如图 5.2(b) 所示]。在距离断口 6mm 处，γ'相的定向粗化程度显著减弱 [如图 5.2(c) 所示]。在距离断口 9mm 处，γ'相与铸态组织区别已经很难分辨，已经没有 γ'相定向粗化组织存在 [如图 5.2(d) 所示]。图 5.3～图 5.5 分别为拉晶速率 3.0mm/min、4.5mm/min 和 6.0mm/min 的铸态 Ni_3Al 基单晶合金试样，在 1100℃/120MPa 持久条件下断裂后距离断口不同位置处的显微组织。可见，与拉晶速率为 1.5mm/min 时的变化规律相同，随着远离断口位置，γ'相的定向粗化程度逐渐减弱，直至消失。

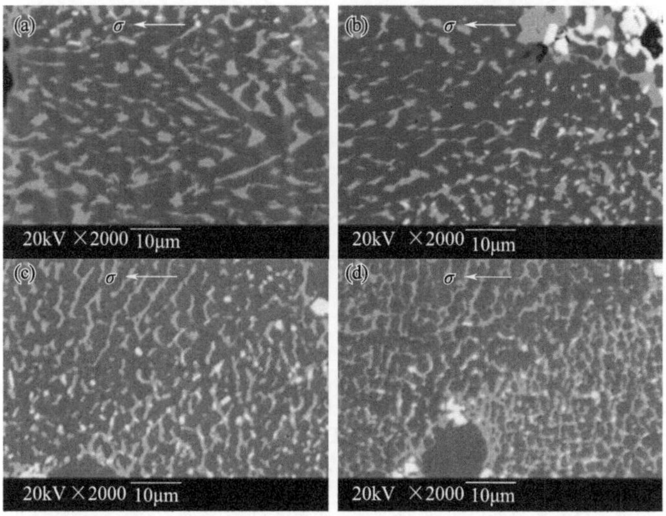

图 5.2　Ni_3Al 基单晶合金在 1100℃/120MPa，9h45min 条件下持久断裂后距离断口不同位置处的显微组织（v=1.5mm/min）

(a) 断口处；(b) 距离断口 3mm 处；(c) 距离断口 6mm 处；(d) 距离断口 9mm 处

综合分析图 5.2～图 5.5 可知，随着γ'相尺寸的减小，γ'相的定向粗化程度逐渐减弱，单晶合金的组织稳定性得到提高，故而 Ni_3Al 基单晶合金持久寿命逐渐增加。

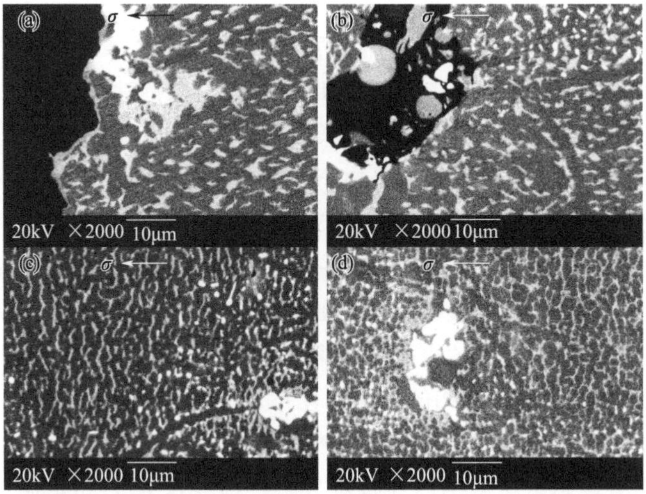

图 5.3　Ni_3Al 基单晶合金在 1100℃/120MPa，13h57min 条件下持久断裂后距离断口不同位置处的显微组织（v=3.0mm/min）

（a）断口处；（b）距离断口 3mm 处；（c）距离断口 6mm 处；（d）距离断口 9mm 处

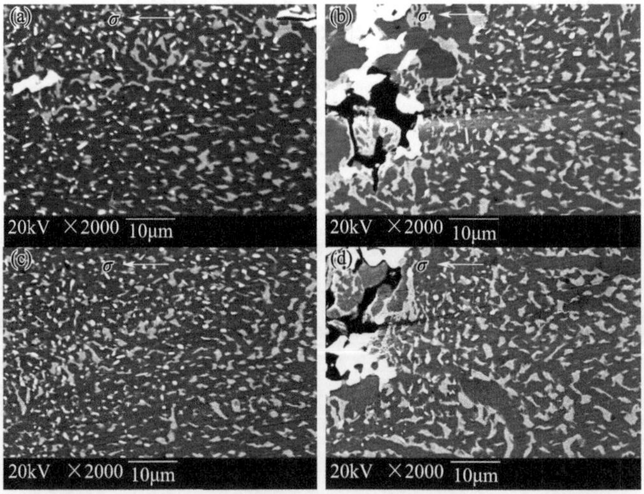

图 5.4　Ni_3Al 基单晶合金在 1100℃/120MPa，15h7min 条件下持久断裂后距离断口不同位置处的显微组织（v=4.5mm/min）

（a）断口处；（b）距离断口 3mm 处；（c）距离断口 6mm 处；（d）距离断口 9mm 处

微观组织观察表明，在 1100℃/120MPa 持久试验后的所有拉晶速率的 Ni_3Al 基单晶合金试样中均出现了数量众多的短棒状白色相，如图 5.6 所示。对这些白

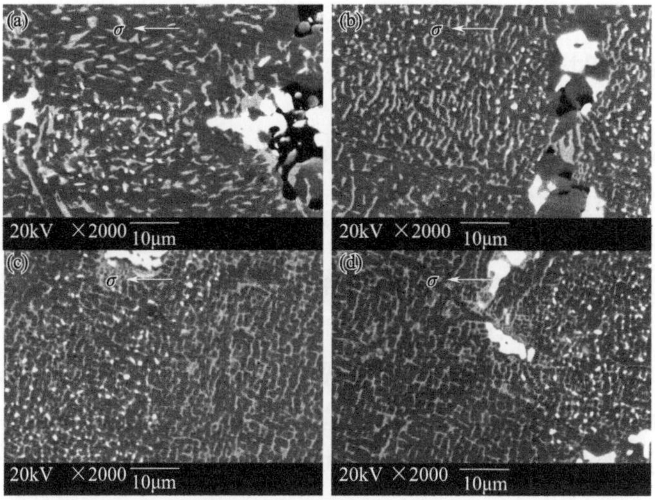

图 5.5　Ni_3Al 基单晶合金在 1100℃/120MPa，31h9min 条件下持久断裂后距离断口不同位置处的显微组织（v=6.0mm/min）

(a) 断口处；(b) 距离断口 3mm 处；(c) 距离断口 6mm 处；(d) 距离断口 9mm 处

色析出相进行了扫描电镜 X 射线能谱分析，结果列于表 5.3 中，Ni 与 Mo 的原子分数之比接近于 1∶1，结合相关研究可以确定其为 Y-NiMo 相。故而在持久断裂试样中存在两种形态的 Y-NiMo 相，但都分布在枝晶间区域：第一种是铸态合金中原有的大块 NiMo 相在温度和应力的作用下分裂成的 Y-NiMo 相；第二种是在持久试验过程中从基体中析出的短棒状的 Y-NiMo 相，它是合金在高温应力长期作用下由 γ 相分解转变而形成的，转变过程可表示为 $\gamma \longrightarrow \gamma' + \text{Y-NiMo}$。

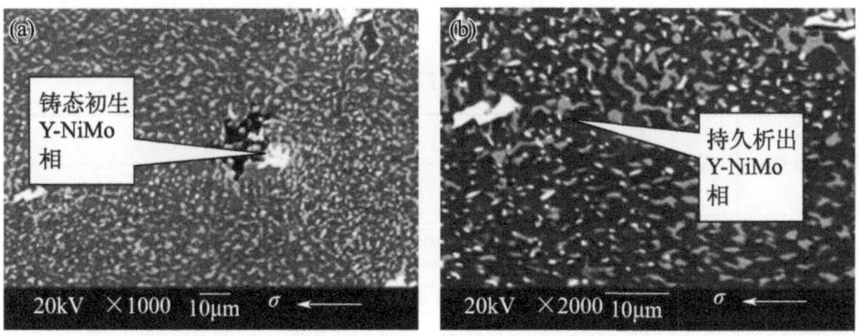

图 5.6　Ni_3Al 基单晶合金在 1100℃/120MPa，13h57min 条件下持久断裂后的显微组织

表 5.3　Ni_3Al 基单晶合金在 1100℃/120MPa，13h57min 持久断裂后析出的短棒状白色相的化学成分

元素	Al	Ni	Mo
原子分数/%	1.31	48.79	49.90

5.2 晶体取向对 Ni_3Al 基单晶合金持久性能的影响

单晶高温合金具有强烈的各向异性特点，即沿不同的结晶学取向表现出不同的力学性能。在实际工程应用中选用哪一种晶体取向才能更充分发挥单晶合金的优势，是工程上非常关切的问题。因此，应当充分认识单晶高温合金的晶体取向与力学性能之间的密切关系，根据单晶合金各向异性的特点，一方面设法消除或尽可能地减小单晶合金的各向异性对叶片使用性能的影响，另一方面充分利用它的各向异性，发挥单晶合金性能优势，提高叶片的工作可靠性和服役寿命。

本节研究了不同晶体取向的 Ni_3Al 基单晶合金高温持久性能及其与微观组织的关系，探讨了晶体取向对合金高温持久性能的影响规律，为合金的工程应用奠定理论基础。

5.2.1 不同晶体取向 Ni_3Al 基单晶合金的持久性能

不同晶体取向 Ni_3Al 基单晶合金在 1100°C/120MPa 条件下的高温持久性能参数，持久寿命、延伸率（δ）、断面收缩率（ψ）列于表 5.4 中。从表中可以看出，不同晶体取向 Ni_3Al 基单晶合金在 1100℃/120MPa 条件下的持久性能表现出显著的各向异性：[001] 取向合金持久寿命最低，约为 205h27min。[011] 取向合金在相同条件下持久寿命比 [001] 取向合金持久寿命略高，约为 268h36min。而 [111] 取向合金试样持久寿命最高，高达 485h，是 [001] 取向合金持久寿命的 2 倍多。

表 5.4 不同取向 Ni_3Al 基单晶合金的持久性能

序号	试样编号	晶体取向	持久性能		
			持久寿命	δ/%	ψ/%
1	170-3-6	[001]	205h27min	61.9	11.7
2	170-3-3	[011]	268h36min	22.9	12.2
3	170-3-4	[111]	485h	28.8	7.3

三种晶体取向 Ni_3Al 基单晶合金除高温持久性能存在显著的各向异性外，塑性特征的差异也非常明显。图 5.7 所示为三种晶体取向 Ni_3Al 基单晶合金持久试样的平均断面收缩率和平均延伸率。可以看出，[001] 晶体取向 Ni_3Al 基单晶合金在三个取向合金中具有最高的塑性，其延伸率和断面收缩率分别是 61.9%和 11.7%，[011] 晶体取向 Ni_3Al 基单晶合金的延伸率和断面收缩率分别是 22.9%

和 12.2%，[111] 晶体取向 Ni_3Al 基单晶合金的延伸率和断面收缩率分别是 28.8%和 7.3%。

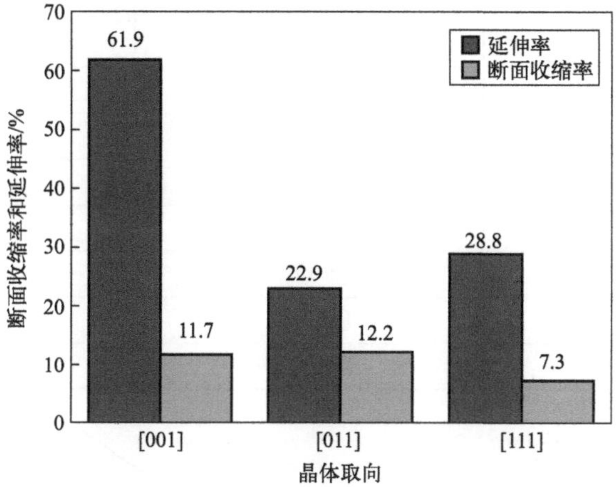

图 5.7　不同晶体取向 Ni_3Al 基单晶合金试样在 1100℃/120MPa 条件下持久试验后的断面收缩率和延伸率

5.2.2　取向偏离度对 Ni_3Al 基单晶合金持久性能的影响

本节研究了不同晶体取向偏离度的 Ni_3Al 基单晶合金在 1100°C/120MPa 条件下的高温持久性能，见表 5.5，测试试样状态为铸态组织。单晶合金持久寿命与取向偏离度的关系如图 5.8 所示。可以看出，晶体取向偏离度对 Ni_3Al 基单晶合金在 1100℃/120MPa 条件下的持久性能影响显著，随着晶体偏离 [001] 取向的角度增加，合金的持久寿命逐渐增加。这是由于合金的持久性能具有明显的各向异性，随着晶体取向偏离 [001] 取向的角度增加，合金的晶体取向偏离 [001] 取向越远，相反晶体取向也就越靠近 [011] 或 [111] 取向，而 [011] 和 [111] 取向单晶的持久寿命都高于 [001] 取向，故而合金的持久寿命随晶体偏离 [001] 取向的角度增加逐渐增加。

表 5.5　取向偏离度对单晶合金持久性能的影响

试样编号	取向偏离度	持久寿命
1	[001]3°	9h33min
2	[001]3°	10h17min
3	[001]6°	10h48min
4	[001]6°	11h12min
5	[001]8°	11h58min

续表

试样编号	取向偏离度	持久寿命
6	[001]8°	12h3min
7	[001]12°	12h58min
8	[001]12°	14h21min
9	[001]15°	13h49min
10	[001]15°	13h57min
11	[001]19°	14h15min
12	[001]19°	15h43min
13	[001]20°	15h59min
14	[001]20°	16h26min

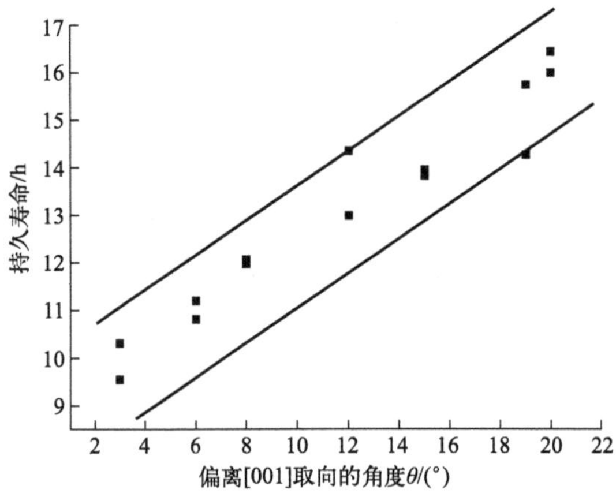

图 5.8 持久寿命（1100°C/120MPa）与取向偏离度的关系

5.2.3 不同晶体取向 Ni_3Al 基单晶合金持久后组织形貌分析

5.2.3.1 不同晶体取向 Ni_3Al 基单晶合金持久断口形貌

本节研究了不同晶体取向 Ni_3Al 基单晶合金断裂机理，对其断口进行了分析。图 5.9 是不同晶体取向单晶高温合金断口形貌图。

图 5.9(a) 和 (b) 为 [001] 晶体取向试样在 1100℃/120MPa 条件下持久断裂后的断口形貌。可以看出，表面主要由许多高低不平的小断面组成，同时存在明显的缩颈现象，在断口上还存在大量韧窝，断口形貌表现出典型的韧性断裂特征。单晶高温合金在持久过程中，首先在断口附近的枝晶间形成大量的微小的裂纹，随着载荷不断增加以及断口附近缩颈区内有效受力面积缩小，微裂纹扩展速

度加快而逐渐相连，当应力达到一个临界值时，材料发生断裂。

图 5.9(c) 和 (d) 为 [011] 晶体取向试样在 1100℃/120MPa 条件下持久断裂后的断口形貌，断面相对 [001] 晶体取向试样比较平整，韧窝数量明显减少，断口上有准解理和解理面，试样宏观断口分析发现试样塑性缩颈程度减小，在断口表面还分布着长直的解理台阶，这些台阶长度为毫米级，其解理面与断口表面成一定的角度关系。[011] 晶体取向试样在持久过程中同时有几个非共面的 {111} <110>滑移系统开动，同时由于可开动的多面体滑移系数量较少，分切应力较高，因此当不同的滑移面相遇后在滑移面相交的区域形成解理台阶，并由于在滑移过程中滑移面的摩擦接触导致台阶的棱角钝化现象。

图 5.9(e) 和 (f) 为 [111] 晶体取向试样在 1100℃/120MPa 条件下持久断裂后的断口形貌，断面相对 [001] 和 [011] 晶体取向试样更加平整，断口上呈现典型的解理面，试样宏观断口分析发现试样没有发生塑性缩颈现象，其解理面与断口表面成 45°。

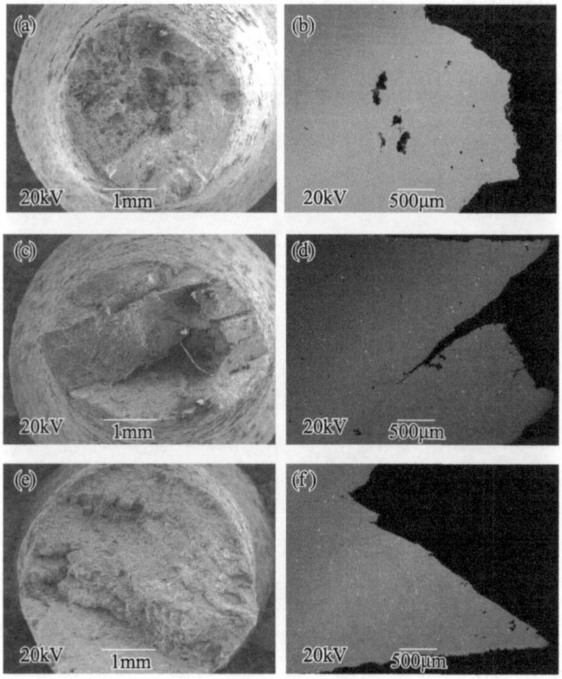

图 5.9 不同晶体取向 Ni_3Al 基单晶合金在 1100℃/120MPa 条件下持久断口形貌

(a)，(b)[001] 晶体取向；(c)，(d)[011] 晶体取向；(e)，(f)[111] 晶体取向

5.2.3.2 不同晶体取向 Ni_3Al 基单晶合金持久断裂纵剖面不同位置组织分析

图 5.10～图 5.12 分别为 [001]、[011] 和 [111] 晶体取向 Ni_3Al 基单晶合

金试样在 1100℃/120MPa 持久条件下断裂后距离断口不同位置处的 γ' 相形貌。

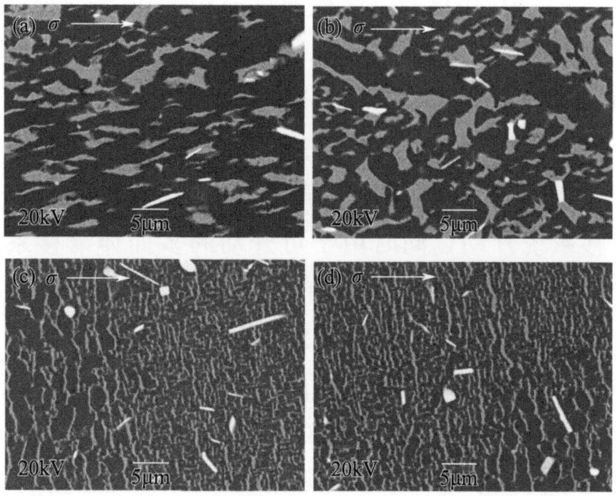

图 5.10 ［001］晶体取向 Ni_3Al 基单晶合金在 1100℃/120MPa 条件下持久断裂后距离断口不同位置处的 γ' 相形貌

(a) 断口处；(b) 距离断口 3mm 处；(c) 距离断口 6mm 处；(d) 距离断口 9mm 处

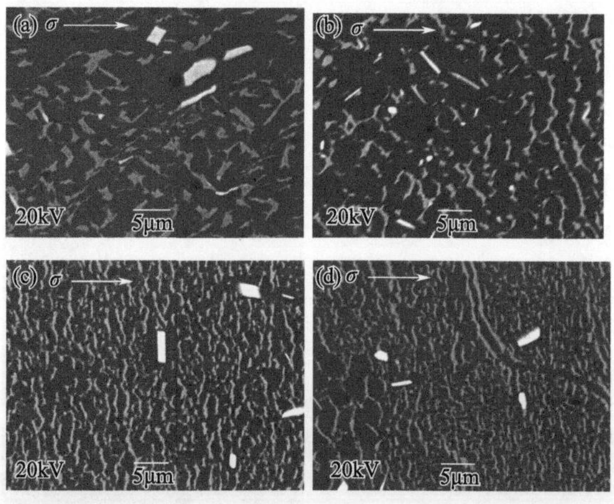

图 5.11 ［011］晶体取向 Ni_3Al 基单晶合金在 1100℃/120MPa 条件下持久断裂后距离断口不同位置处的 γ' 相形貌

(a) 断口处；(b) 距离断口 3mm 处；(c) 距离断口 6mm 处；(d) 距离断口 9mm 处

从图 5.10～图 5.12 中可以看到，持久试验后，在应力和高温的长时间作用下，γ' 相发生了沿某个方向的择优长大，即发生了定向粗化，这是由于合金中的元素沿一定方向发生了定向扩散，使立方状 γ' 相逐渐形成了“筏排”组织。通常根据单晶合金共格错配度的符号、外应力轴方向以及 γ' 相粗化取向之间的关系将 γ' 相定向粗化取向分为三类：一种为 γ' 相沿平行于外应力轴方向粗化，即 P 型取

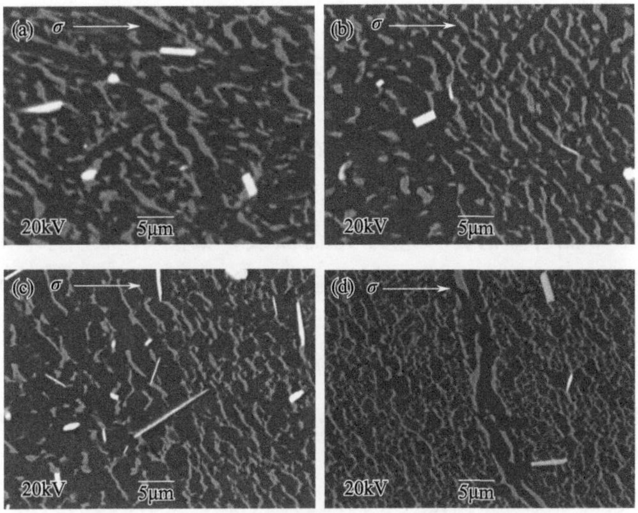

图 5.12 [111] 晶体取向 Ni_3Al 基单晶合金在 1100℃/120MPa 条件下持久断裂后距离断口不同位置处的 γ' 相形貌

(a) 断口处；(b) 距离断口 3mm 处；(c) 距离断口 6mm 处；(d) 距离断口 9mm 处

向粗化；另一种为 γ' 相沿垂直于外应力轴方向粗化，即 N 型取向粗化；以及 γ' 相同时向平行和垂直于应力轴方向粗化的 P-N 型取向粗化。[001]、[011] 和 [111] 晶体取向单晶持久后 γ' 相沿着横向与纵向同时粗化，即属于 P-N 型取向粗化，γ' 相互相连接，形貌不规则，持久前连续的 γ 相通道在 γ' 相粗化过程中被完全切割断裂。

如图 5.10(a)、图 5.11(a) 和图 5.12(a) 所示，在断口处筏状 γ' 相已经合并长大，并已经连通，而且与应力轴存在一定的角度关系，“筏排”组织不与拉伸应力轴方向垂直。还可以清楚发现，[001] 晶体取向单晶持久断口处 γ' 相的粗化程度明显大于 [011] 和 [111] 晶体取向单晶持久断口处 γ' 相的粗化程度。

对比分析图 5.10(a)、(b)，图 5.10(c)、(d)，随着远离断口，在距离断口约 3mm 处，筏状 γ' 相的形貌变化不大。在距离断口 6mm 处，γ' 相的“筏排”程度显著减弱，粗化程度明显减轻。在距离断口 9mm 处，γ' 相与铸态组织已经很难分辨，已经没有“筏排”组织存在。对比分析图 5.11(a)～(d)，随着远离断口，γ' 相的“筏排”程度逐渐减弱，但是减弱趋势相对于 [001] 晶体取向单晶合金有所增加。[111] 晶体取向单晶合金 γ' 相的“筏排”程度见图 5.12(a)～(d)，随着远离断口，γ' 相的“筏排”程度逐渐减弱，但是减弱趋势相对于 [001] 和 [011] 晶体取向单晶合金最大，在距离断口 3mm 处 γ' 相未“筏排”组织已经存在。

5.3 Ni_3Al 基单晶合金持久性能及其表征

[001] 晶体取向 Ni_3Al 基单晶合金在不同温度、应力条件下的持久性能如表 5.6 所示。分析表 5.6 中 [001] 晶体取向 Ni_3Al 基单晶合金的持久性能，得到了不同温度下单晶合金的持久应力-寿命曲线，如图 5.13 所示。由图可知，单晶合金的持久寿命和持久应力及温度存在相关关系，通过回归分析可以确定不同温度下的持久寿命方程。

1100℃下的持久寿命方程为：

$$\lg t=2016.38281-2913.41622\lg\sigma+1405.9921(\lg\sigma)^2-226.3876(\lg\sigma)^3, R=0.988$$

980℃下的持久寿命方程为：

$$\lg t=-662.1768+884.68519\lg\sigma-390.22659(\lg\sigma)^2+57.02166(\lg\sigma)^3, R=0.991$$

760℃下的持久寿命方程为：

$$\lg t=6230.35388-6578.01403\lg\sigma+2319.47697(\lg\sigma)^2-273.09511(\lg\sigma)^3, R=0.980$$

式中，t 为持久寿命，h；σ 为应力，MPa；R 为相关系数。

不同温度下的持久寿命方程的相关系数均在 0.98 以上，可知方程的显著性很好，可信度极高。

表 5.6 Ni_3Al 基单晶合金在不同温度、应力条件下的持久性能

温度/℃	应力 σ/MPa	持久寿命	δ/%	ψ/%
1100	150	38h19min	—	—
1100	130	94h00min	12.40	59.20
1100	130	114h30min	12.80	58.62
1100	120	113h45min	15.60	50.17
1100	120	144h10min	15.20	50.64
1100	110	175h50min	8.72	51.39
1100	90	656h44min	—	—
980	250	42h55min	54.00	51.20
980	220	76h50min	74.32	52.49
980	210	90h22min	—	—
980	200	105h10min	56.40	56.79
980	200	128h50min	58.24	54.48
980	180	220h29min	—	—
980	160	379h	64.72	54.13
760	830	1h10min	54.32	34.78

续表

温度/℃	应力 σ/MPa	持久寿命	δ/%	ψ/%
760	750	4h7min	—	—
760	750	8h35min	44.80	44.80
760	650	22h55min	40.40	69.77
760	600	104h25min	29.04	40.64
760	550	297h20min	38.96	42.59

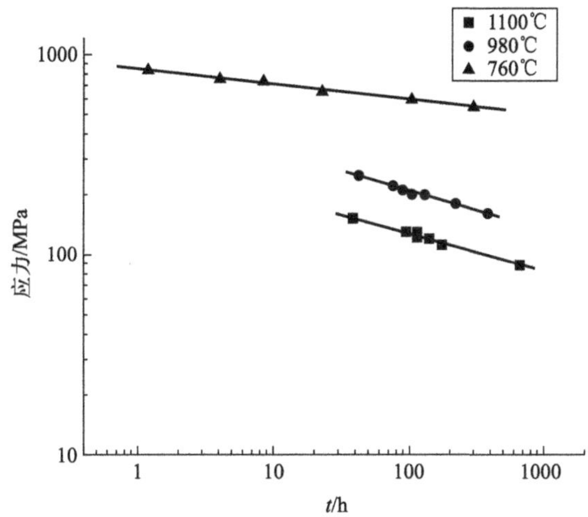

图 5.13 Ni_3Al 基单晶合金的持久应力-寿命曲线

Ni_3Al 基单晶合金的热强参数曲线如图 5.14 所示，通过回归分析可知单晶合金的持久热强参数方程为：

$$\sigma=6105.65471-377.32641P+5.93472P^2, R=0.998$$

式中，σ 为应力，MPa；$P=T(20+\lg t)/10^3$；t 为持久寿命，h；T 为温度，K；R 为相关系数。相关系数高达 0.998，可知方程的显著性很好。

通过以上研究得到以下结论：

① 随着一次枝晶间距及 γ' 相尺寸的减小，铸态 Ni_3Al 基单晶合金在 1100℃/120MPa 条件下高温持久寿命显著提高，由 9h45min 提高到 31h9min，寿命增加两倍以上。

② 铸态 Ni_3Al 基单晶合金在 1100℃/120MPa 条件下，裂纹主要存在于枝晶间，萌生于脆性的 Y-NiMo 相的界面与内部，这些裂纹在应力的作用下扩展逐渐合并长大成孔洞，最终引起合金的失效断裂。

③ 铸态 Ni_3Al 基单晶合金在 1100℃/120MPa 条件下，存在 γ' 相的定向粗

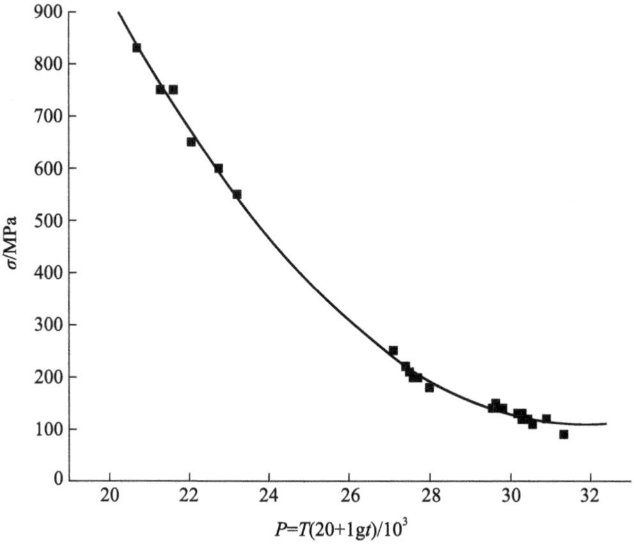

图 5.14 Ni_3Al 基单晶合金的热强参数曲线

化，而且与应力轴存在一定的角度关系，γ′相还未形成完整的“筏排”组织，只是存在粗化长大现象。随着 γ′相尺寸的减小，γ′相的定向粗化程度逐渐减弱，单晶合金的组织稳定性得到提高，持久寿命逐渐增加。

④ Ni_3Al 基单晶合金在 1100℃/120MPa 条件下，高温持久性能存在显著的各向异性，[001] 晶体取向合金持久寿命最低，[011] 晶体取向合金在相同条件下持久寿命比 [001] 晶体取向合金持久寿命略高，而 [111] 晶体取向合金试样持久寿命最高，是 [001] 晶体取向合金持久寿命的 2 倍多。

⑤ [001] 晶体取向单晶持久断口处 γ′相的粗化程度明显大于 [011] 和 [111] 晶体取向单晶持久断口处 γ′相的粗化程度。

⑥ 晶体取向偏离度对 Ni_3Al 基单晶合金在 1100℃/120MPa 条件下的持久性能影响显著，随着晶体偏离 [001] 取向的角度增加，合金的持久寿命逐渐增加。

第 6 章 Ni_3Al基单晶合金的蠕变性能研究

燃气涡轮叶片材料在服役过程中承受高温和应力的双重作用会发生蠕变现象，蠕变是指材料在恒应力长期作用下发生的塑性变形现象。金属材料的蠕变可以在任何温度范围内发生，温度越高，变形速率越高，蠕变越明显。蠕变性能是高温结构材料的重要性能之一，在不同温度和应力条件下单晶高温合金蠕变机制不同。

本章详细介绍了［001］晶体取向 Ni_3Al 基单晶合金在 760℃、980℃、1070℃、1100℃不同应力条件下的蠕变性能，分析了不同温度的蠕变应力寿命曲线，观察了蠕变后的组织形貌变化及位错演化机制，确定了单晶合金不同温度下的蠕变机制。

6.1 760℃下 Ni_3Al 基单晶合金的蠕变行为

6.1.1 760℃下 Ni_3Al 基单晶合金的蠕变性能

图 6.1 为 760℃下 Ni_3Al 基单晶合金不同应力条件下的蠕变曲线。典型的镍基高温合金的蠕变曲线是由减速蠕变阶段、稳态蠕变阶段和加速蠕变阶段组成。从图中的蠕变曲线可以看出，3 种应力状态下单晶合金的蠕变性能差别较大。当应力为 500MPa 时，合金经过 1000h 的蠕变依然没有进入加速蠕变阶段，蠕变应变量仅为 0.16%，稳态蠕变速率为 8.06×10^{-9}%/s。当蠕变应力增加到 540MPa 时，单晶合金的稳态蠕变阶段很短，不到 40h，蠕变应变量为 0.233%，稳态蠕变速率迅速增加为 6.03×10^{-7}%/s，提高了 2 个数量级，随后合金进入了长达 330h 的加速蠕变阶段，此应力下单晶合金的蠕变寿命为 372.17h。当蠕变应力继续增加到 580MPa 时，单晶合金经过减速蠕变阶段后没有经历稳态蠕变阶段，直接进入了加速

蠕变阶段，蠕变寿命只有32.64h。由图6.1可知，单晶合金在3种应力条件下的减速蠕变阶段时间均较短，不到1h即结束，在此阶段内蠕变的速率随着应变的增长而逐渐减小。在减速蠕变阶段内，合金试样 γ 相通道内的错配位错开始移动，位错密度随着变形量的增大而不断增加，当密度增加到一定程度，位错之间发生塞积，部分位错的运动被阻止，合金的蠕变速率开始逐渐降低，即发生了减速蠕变。760℃下 Ni_3Al 基单晶合金的蠕变性能见表6.1。

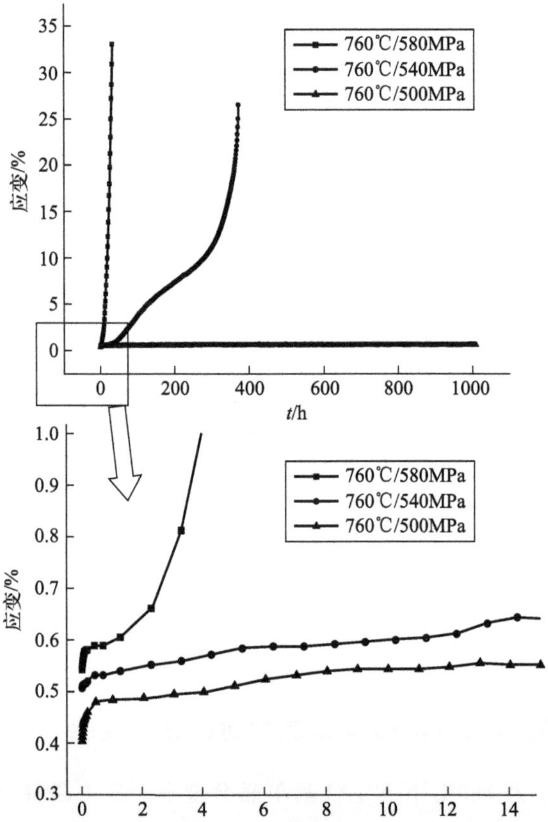

图6.1 760℃下 Ni_3Al 基单晶合金的蠕变曲线

表6.1 760℃下 Ni_3Al 基单晶合金的蠕变性能

蠕变应力/MPa 蠕变性能	500	540	580
瞬时弹性应变/%	0.404	0.507	0.543
减速蠕变阶段塑性应变/%	0.022	0.024	0.028
减速蠕变阶段时间/h	0.71	0.73	0.82

续表

蠕变性能 \ 蠕变应力/MPa	500	540	580
稳态蠕变阶段塑性应变/%	0.029	0.086	无
稳态蠕变阶段时间/h	>1000	39.59	无
稳态蠕变速率/(%/s)	8.06×10^{-9}	6.03×10^{-7}	无
加速蠕变阶段塑性应变/%	—	26.441	33.125
加速蠕变阶段时间/h	—	331.85	31.82
蠕变寿命/h	>1000	372.17	32.64

6.1.2 760℃下 Ni_3Al 基单晶合金的蠕变组织演变

6.1.2.1 760℃下 Ni_3Al 基单晶合金蠕变后 γ' 相形态

图 6.2 为 Ni_3Al 基单晶合金经过 1280°C/10h 风冷+870℃/32h 空冷处理后的组织形貌。可以看出，γ'相粒子大小均匀，平均尺寸为 0.8μm，形态立方化程度很高。

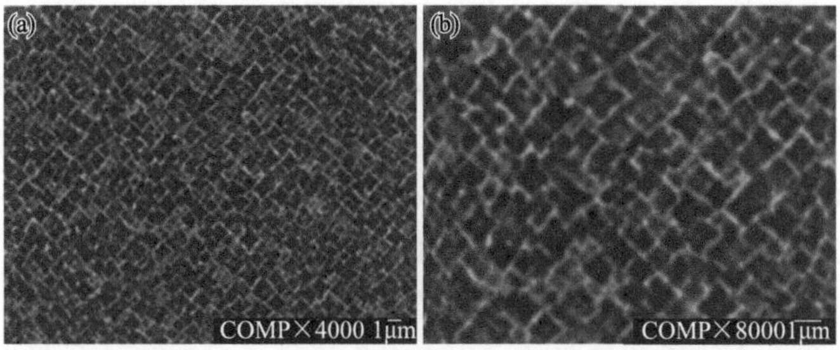

图 6.2　Ni_3Al 基单晶合金热处理后的 γ' 相形态

Ni_3Al 基单晶合金在 760℃不同应力条件下蠕变后显微组织形态如图 6.3 所示。对比图 6.2 和图 6.3 可以看出，3 种应力条件下单晶合金的 γ'相的立方化程度均发生了明显的降低。

当应力为 500MPa 时，单晶合金的 γ'相尺寸基本没有变化，立方化程度依然很好，只是局部出现了 γ'相的合并长大，γ 相仍呈网状连通结构。当应力增加为 540MPa 时，γ'相定向粗化行为明显，尺寸增大，立方化程度降低。当应力增加为 580MPa 时，γ'相定向粗化行为更加明显，由于蠕变寿命仅为 32.64h，故而还没有形成"筏排"组织，γ'相立方化程度已经很低。

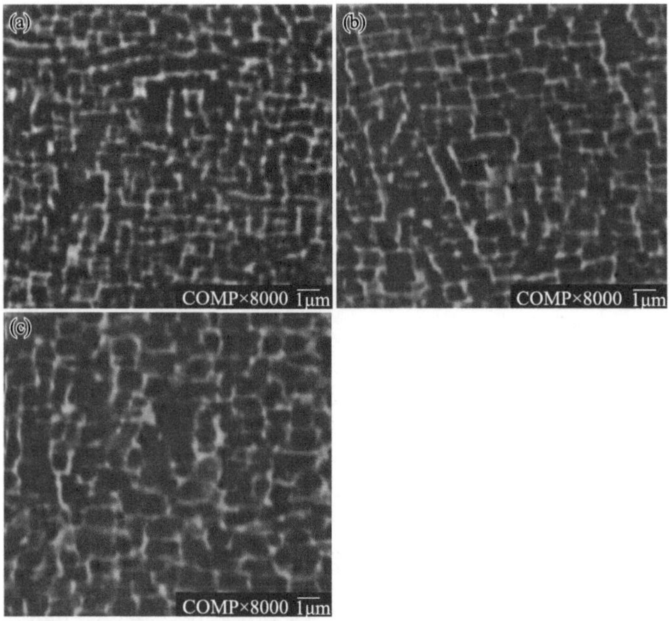

图 6.3　Ni_3Al 基单晶合金在 760℃ 下蠕变后显微组织形态

(a) 500MPa，1000h；(b) 540MPa，372.17h；(c) 580MPa，32.64h

6.1.2.2　760℃下 Ni_3Al 基单晶合金蠕变后位错形态

图 6.4 为 Ni_3Al 基单晶合金在 760℃/500MPa 条件下经 1000h 蠕变后的 TEM 形貌。可见大量位错主要存在于 γ 相内，只有很少量位错切割进入 γ' 相，可知位错在此应力下很难滑移通过 γ/γ' 相界面而切割进入 γ' 相。如图 6.4 A 处所示，位错已经完全切割进入尺寸细小的 γ' 相中，而其他尺寸较大的 γ' 相没有被位错切割。这是由于 γ' 相尺寸的大小直接决定着位错的滑移机制，在一定温度和应力下，γ' 相存在一个临界尺寸，当小于临界尺寸时切割机制起作用，当大于临界尺寸时 Orowan 绕过机制起作用。此外位错在 γ 相中形成大量纵横交错的位错网，位错网可以有效阻碍位错的运动，增加了 γ 相的强度。位错网的形成机制如图 6.5 所示，随着 γ 相中位错密度的增加，位错在 γ 相的（111）面上进行交滑移，来自两个方向不同 Burgers 矢量的两组平行位错相遇发生反应而形成位错网，位错反应如下式所示：

$$\vec{b}_1+\vec{b}_2 \longrightarrow \vec{b}_3$$

式中，$\vec{b}_1$、$\vec{b}_2$ 为两组位错的 Burgers 矢量；$\vec{b}_3$ 为合成位错的 Burgers 矢量。具体的位错反应表达如下：

$$\frac{a}{2}[101]+\frac{a}{2}[01\bar{1}] \longrightarrow \frac{a}{2}[110]$$

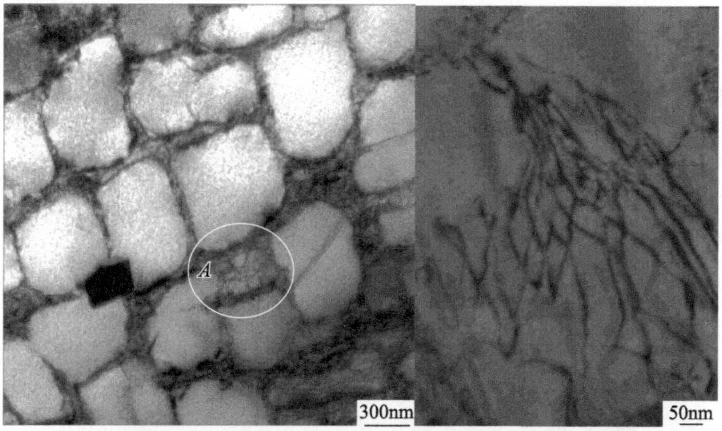

图 6.4　Ni_3Al 基单晶合金在 760℃/500MPa 条件下经 1000h 蠕变后的 TEM 形貌

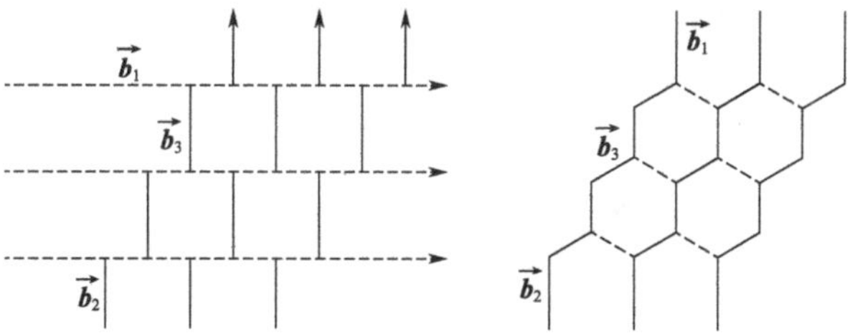

图 6.5　位错网的形成机制示意图

由于在此条件下位错很难切割 γ'相，而在 γ 相中又形成了大量的位错网，有效阻碍了位错的运动，致使 Ni_3Al 基单晶合金的形变非常困难，所以单晶合金经过 1000h 蠕变后仍无明显的形变，Ni_3Al 基单晶合金在此时依然保持着网格状 γ 相包围块状 γ'相的典型单晶高温合金结构。

图 6.6 为 Ni_3Al 基单晶合金在 760℃/540MPa 条件下经 372.17h 蠕变后的 TEM 形貌。可见随着应力的增加，γ 相中的位错密度明显增大，位错网已经被严重破坏，部分位错已经切割进入 γ'相中。图中 A 区的位错以超晶格堆垛层错的方式切入 γ'相，B 区为以位错对的方式切入 γ'相，C 区为切入 γ'相中位错相遇，发生位错缠结。

位错切入 γ'相的机制主要有两种。

① 母相中两个$\frac{a}{2}[110]$ 位错切入 γ'相内形成反相畴界，位错反应式如下：

$$\frac{a}{2}[110]_{\gamma}+\frac{a}{2}[110]_{\gamma} \longrightarrow \frac{a}{2}[110]_{\gamma'}+\mathrm{APB}+\frac{a}{2}[110]_{\gamma'}$$

② γ 相中$\frac{a}{2}[110]$ 位错在界面上分解，形成两个不全位错，$\frac{a}{3}[112]$ 超

Shockley 不全位错切入 γ' 相，而 $\frac{a}{6}[112]$ Shockley 不全位错留在 γ/γ' 相界面，中间夹着内禀堆垛层错，位错反应式如下：

$$\frac{a}{2}[110]_{\gamma} \longrightarrow \frac{a}{3}[112]_{\gamma'} + \text{SISF} + \frac{a}{6}[112]_{\gamma'}$$

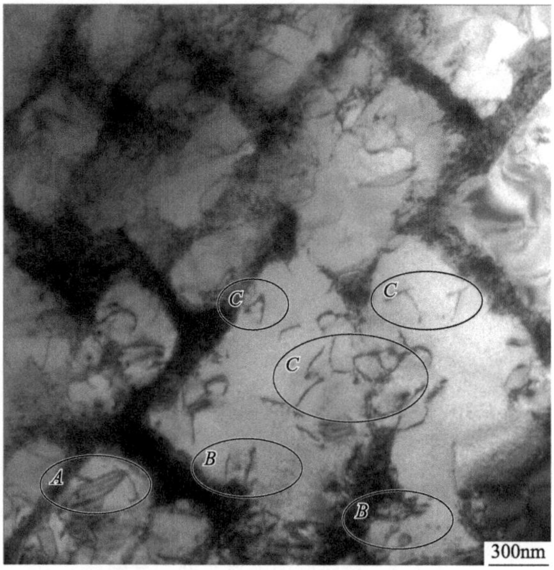

图 6.6　Ni_3Al 基单晶合金在 760℃/540MPa 条件下经 372.17h 蠕变后的 TEM 形貌

$\frac{a}{3}[112]$ 和 $\frac{a}{6}[112]$ 不全位错夹堆垛层错的形成机制如图 6.7 所示。

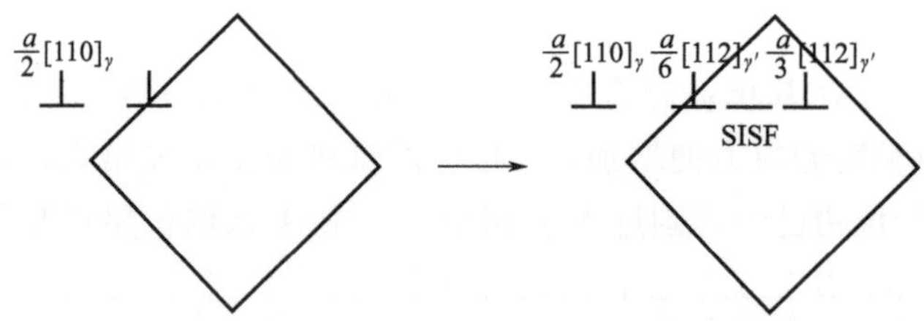

图 6.7　位错以 $\frac{a}{3}[112]$ 和 $\frac{a}{6}[112]$ 不全位错夹堆垛层错的方式切入 γ' 相示意图

图 6.8 为 Ni_3Al 基单晶合金在 760℃/580MPa 条件下经 32.64h 蠕变后的 TEM 形貌。可见随着应力的增加，γ' 相中存在大量的堆垛层错，且堆垛层错的形态分为三种：第一种为图 6.8 *A* 处所示的介于 γ/γ' 相界面和 γ' 相中部，且三个堆垛层错在 γ' 相内部共用一个位错；第二种为图 6.8 *B* 处所示介于两个 γ/γ' 相界面之间；第三种为图 6.8 *C* 处所示的两组堆垛层错在 γ' 相内部相交，且共用

一个位错。

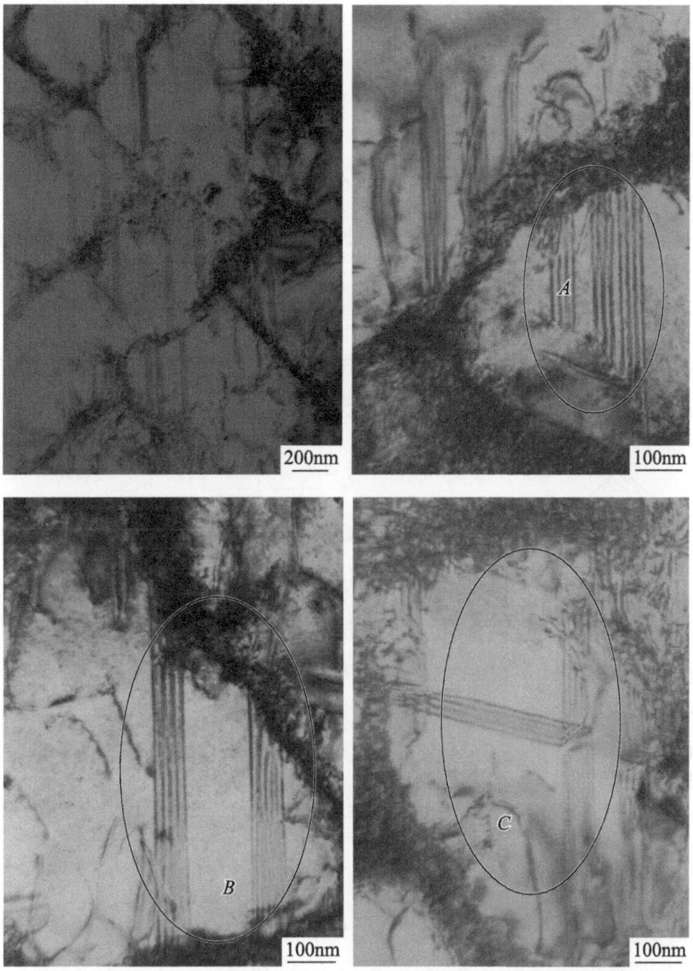

图 6.8　Ni_3Al 基单晶合金在 760℃/580MPa 条件下经 32.64h 蠕变后的 TEM 形貌

第二种堆垛层错形成机制为 γ 相中$\frac{a}{2}$［$\bar{1}10$］位错在界面上分解，形成两个不全位错，即$\frac{a}{6}$［$\bar{1}2\bar{1}$］和$\frac{a}{6}$［$\bar{2}11$］，不全位错留在 γ'/γ 相界面，中间夹着内禀堆垛层错，位错反应式如下：

$$\frac{a}{2}[\bar{1}10] \longrightarrow \frac{a}{6}[\bar{1}2\bar{1}]+\mathrm{SISF}+\frac{a}{6}[\bar{2}11]$$

$\frac{a}{6}$［$\bar{1}2\bar{1}$］和$\frac{a}{6}$［$\bar{2}11$］不全位错夹堆垛层错的形成机制如图 6.9 所示。

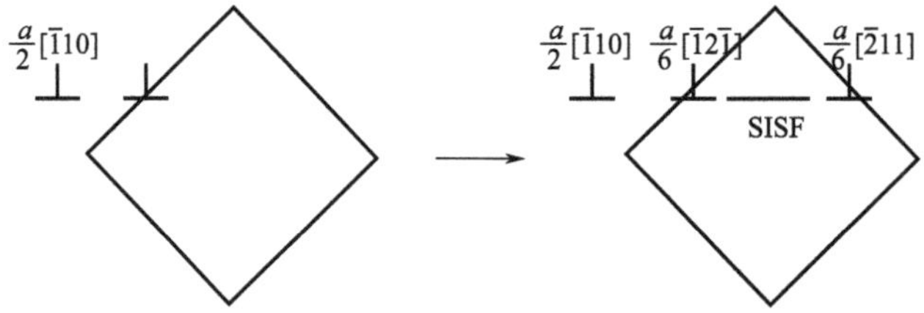

图 6.9　位错以 $\frac{a}{6}$ [$\bar{2}$11] 和 $\frac{a}{6}$ [$\bar{1}2\bar{1}$] 不全位错夹堆垛层错的方式切入 γ' 相示意图

这种一个全位错分解为两个不全位错，中间夹着一个堆垛层错的位错组态称为扩展位错，$\frac{a}{2}$ [$\bar{1}$10] 扩展位错见图 6.10。

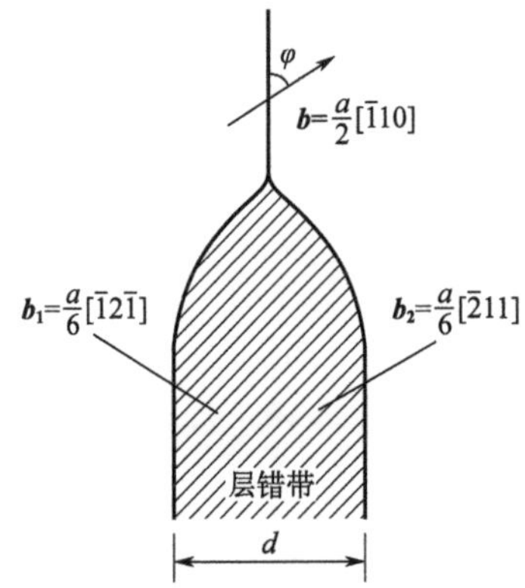

图 6.10　$\frac{a}{2}$ [$\bar{1}$10] 扩展位错示意图

扩展位错中的层错能 γ 和层错区平衡宽度 d 之间的关系式如下：

$$\gamma=\frac{\mu b^2}{8\pi\gamma}\frac{2-\nu}{1-\nu}\left(1-\frac{2\nu}{2-\nu}\cos\varphi\right)=K\frac{\mu b^2}{8\pi d}$$

式中，K 为与全位错类型有关的常数；φ 为全位错线与它的柏氏矢量的夹角；μ 为切变模量；ν 为泊松比。

层错能 γ 与层错区平衡宽度 d 成反比，当 d 值较大时，γ 较小，比较容易形成堆垛层错。层错区平衡宽度 d 高达几百纳米，所以在此条件下合金的层错能很小，容易形成堆垛层错，$\frac{a}{2}$ [$\bar{1}$10] 全位错可以很容易地转变为扩展位错。

第三种相交堆垛层错的形成，说明有两个 {111}[112] 滑移系统启动，在两个滑移面 {111} 和 {$\bar{1}$11} 上各有一个单位位错 $\frac{a}{2}$ [$\bar{1}$10] 和 $\frac{a}{2}$ [101]，它们在各自的滑移面上分解为扩展位错：

$$\frac{a}{2}[\bar{1}10]\longrightarrow\frac{a}{6}[\bar{1}2\bar{1}]+\text{SISF}+\frac{a}{6}[\bar{2}11]$$

$$\frac{a}{2}[101]\longrightarrow\frac{a}{6}[211]+\text{SISF}+\frac{a}{6}[1\bar{1}2]$$

两个扩展位错各自在自己的滑移面上相向移动，当两个扩展位错中的领先不全位错滑移到滑移面的交线时，通过位错反应生成新的位错：

$$\frac{a}{6}[\bar{1}2\bar{1}]+\frac{a}{6}[1\bar{1}2]\longrightarrow\frac{a}{6}[011]$$

新位错 $\frac{a}{6}$ [011] 是纯刃型位错，其柏氏矢量位于 {100} 滑移面上，但是面心立方晶体的滑移面是 {111}，不易滑移，只能攀移。因此这个位错是固定位错，还被称为压杆位错。这种形成于两个 {111} 滑移面之间的面角上，由一个压杆位错带着两片层错区，以及$\frac{a}{6}$ [$\bar{2}$11] 和$\frac{a}{6}$ [211] 两个不全位错所构成的位错组态称为面角位错。

$$\frac{a}{2}[\bar{1}10]+\frac{a}{2}[101]\longrightarrow\frac{a}{6}[\bar{2}11]+\text{SISF}+\frac{a}{6}[011]+\text{SISF}+\frac{a}{6}[211]$$

形成机理如图 6.11 所示。

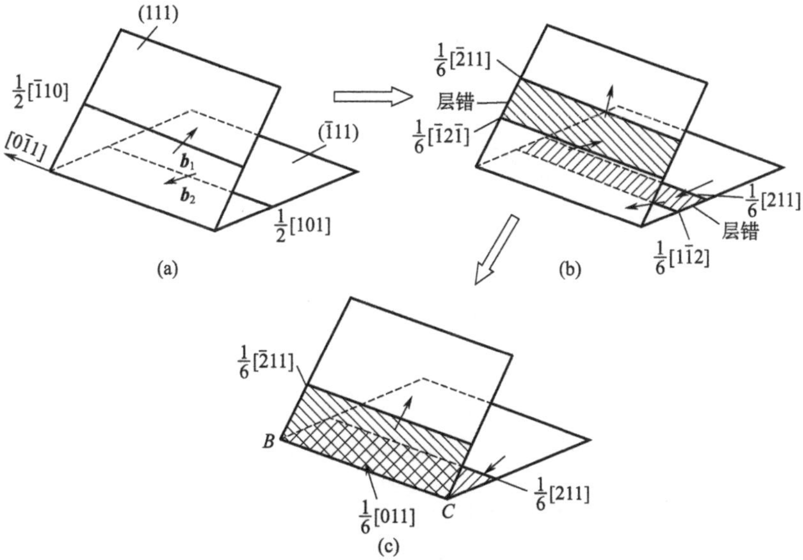

图 6.11 面角位错形成机理示意图

从能量上讲，形成反相畴比形成内禀堆垛层错剪切 γ' 相容易，但是由于 γ/γ' 相界面是共格界面，当一个位错在界面上分解，在界面上的刃型不全位错能够释放 γ/γ' 相界面上的高共格应力，因而减少结构的总能量，所以在大应力条件下，在能量上难于形成内禀堆垛层错。

综上所述，Ni_3Al 基单晶合金在 760℃下，当应力为 500MPa 时，在 γ 相中形成了大量的位错网，有效阻碍了位错的运动，位错很难切割 γ' 相，致使 Ni_3Al 基单晶合金的形变非常困难，所以单晶合金经过 1000h 蠕变后仍无明显的形变。当应力增加到 540MPa 时，位错主要以位错对夹反相畴的方式切入 γ' 相，也存在少量内禀堆垛层错的形成。当应力增加到 580MPa 时，合金中存在大量的堆垛层错，位错主要以扩展位错和面角位错的方式切入 γ' 相。

6.1.3 Ni_3Al 基单晶合金在 760℃/540MPa 下不同阶段的蠕变机制

760℃/540MPa 下 Ni_3Al 基单晶合金不同阶段的蠕变曲线如图 6.12 所示。

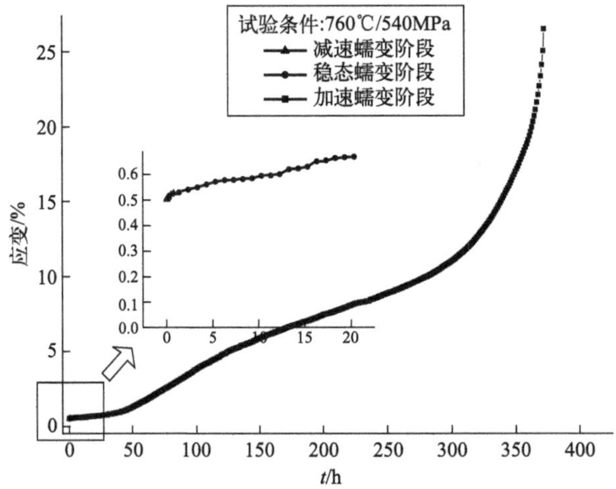

图 6.12 Ni_3Al 基单晶合金（760℃/540MPa）不同阶段的蠕变曲线

图 6.13 为 Ni_3Al 基单晶合金在 760℃/540MPa 下不同蠕变阶段的显微组织形貌，可见在减速蠕变阶段显微组织与热处理态组织没有明显变化，保持了严格的立方化组织。随着蠕变的进行，在稳态蠕变阶段 γ 相依然为网格结构，但 γ' 相

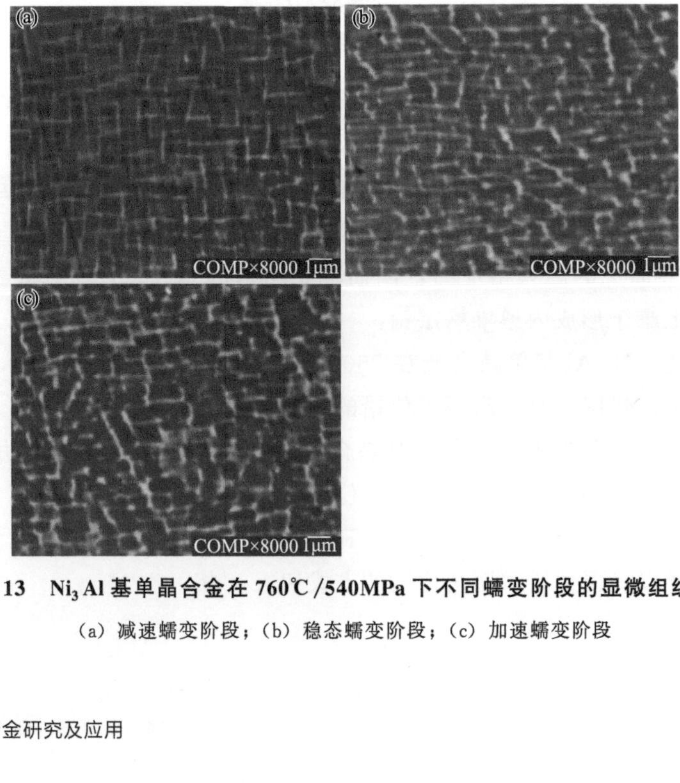

图 6.13 Ni_3Al 基单晶合金在 760℃/540MPa 下不同蠕变阶段的显微组织形貌

（a）减速蠕变阶段；（b）稳态蠕变阶段；（c）加速蠕变阶段

立方化程度已经降低。当进入加速蠕变阶段后，γ'相立方化程度进一步降低，部分γ相网状结构被破坏。

图6.14为Ni_3Al基单晶合金在760℃/540MPa下不同蠕变阶段的位错组态，可见在减速蠕变阶段，γ相中的位错不断增殖，但没有位错切入γ'相［图6.14(a)］。随着蠕变的进行，γ相中的位错密度逐渐增大，形成稳定的位错网，有效阻碍了位错的运动，单晶合金所受拉应力与位错阻力达到平衡状态，进入稳态蠕变阶段［图6.14(b)］，但存在少量的位错切入γ'相，使γ'相发生缓慢的形变。当切入γ'相的位错逐渐增多，γ相中的位错网逐渐被破坏，单晶合金中的应力平衡被打破，即进入加速蠕变阶段［图6.14(c)］，大量位错切割进入γ'相，使γ'相的强度逐渐降低，最终单晶合金失效断裂。由于温度较低，单晶合金中的原子扩散速率很慢，变形主要由晶体中的位错滑移而产生，所以此温度下Ni_3Al基单晶合金的蠕变机制为位错滑移机制。

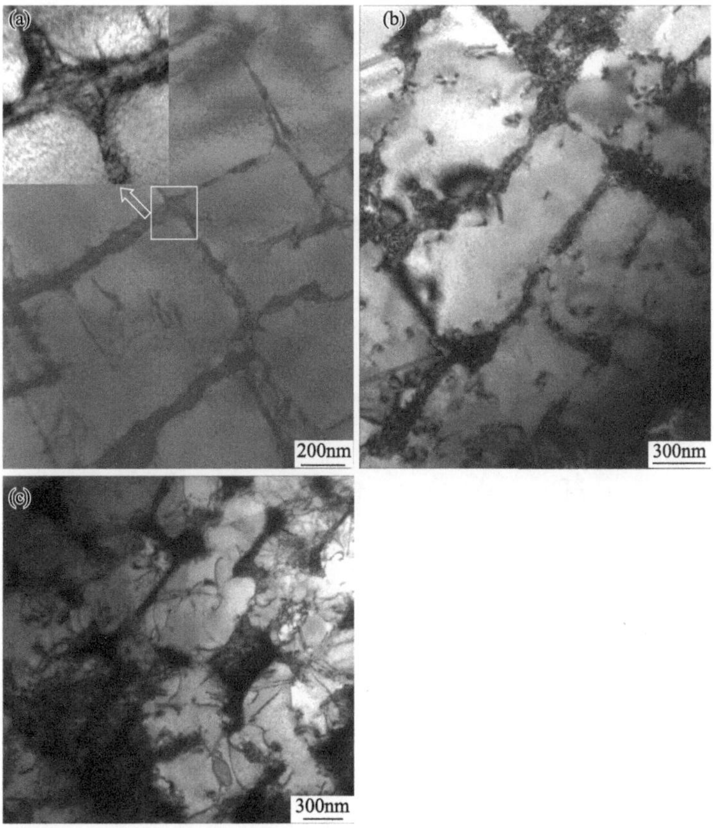

图6.14　Ni_3Al基单晶合金在760℃/540MPa下不同蠕变阶段的位错组态

(a) 减速蠕变阶段；(b) 稳态蠕变阶段；(c) 加速蠕变阶段

6.2 980℃下 Ni_3Al 基单晶合金的蠕变行为

6.2.1 980℃下 Ni_3Al 基单晶合金的蠕变性能

图 6.15 为 980℃下 Ni_3Al 基单晶合金不同应力条件下的蠕变曲线。从图中的蠕变曲线可以看出，3 种应力状态下单晶合金的蠕变曲线均可分为减速蠕变阶段、稳态蠕变阶段和加速蠕变阶段。可见单晶合金在 3 种应力条件下的减速蠕变阶段时间均较短，依然不到 1h 即结束，随着应力由 180MPa 增加到 230MPa，稳态蠕变阶段的持续时间逐渐减小，由 129.53h 减小到 14.61h。当应力为 180MPa 时，合金经过 0.95h 的减速蠕变阶段即进入长达 129.53h 的稳态蠕变阶段，蠕变应变量为 0.776%，稳态蠕变速率为 1.66×10^{-6} %/s，随后进入 115.02h 的加速蠕变阶段，最终蠕变寿命为 245.5h。当蠕变应力增加到 205MPa 时，单晶合金

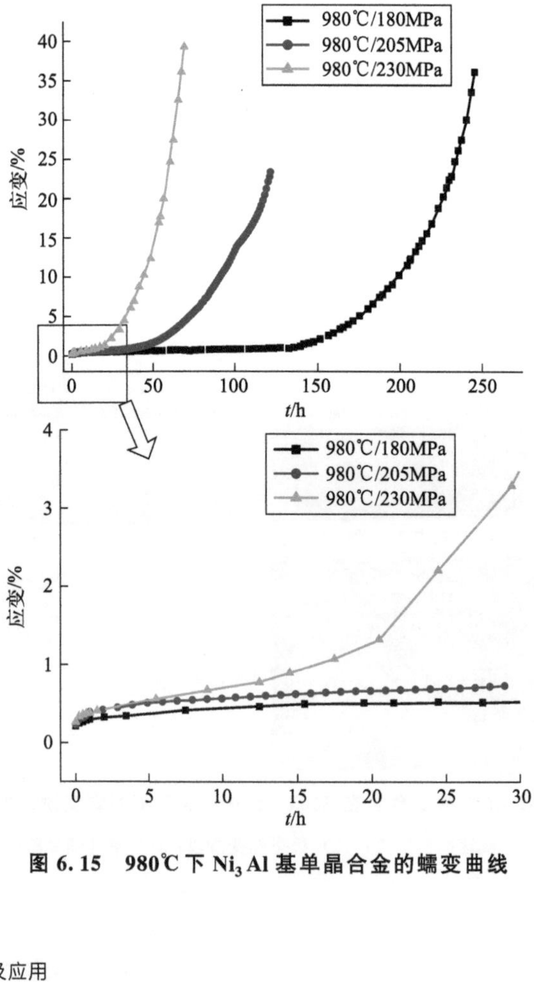

图 6.15 980℃下 Ni_3Al 基单晶合金的蠕变曲线

的稳态蠕变阶段持续时间迅速减小到 26.15h，蠕变应变量为 0.344%，稳态蠕变速率增加为 3.65×10^{-6}%/s，提高了 1 倍多，随后合金进入 94.48h 的加速蠕变阶段，此应力下单晶合金的蠕变寿命为 121.47h。当蠕变应力继续增加到 230MPa 时，单晶合金的稳态蠕变阶段持续时间减小到 14.61h，蠕变应变量为 0.518%，稳态蠕变速率继续增加到 9.85×10^{-6}%/s，蠕变寿命也只有 69.3h。980℃下 Ni_3Al 基单晶合金的蠕变性能见表 6.2。

表 6.2　980℃下 Ni_3Al 基单晶合金的蠕变性能

蠕变性能 \ 蠕变应力/MPa	180	205	230
瞬时弹性应变/%	0.206	0.223	0.252
减速蠕变阶段塑性应变/%	0.089	0.131	0.14
减速蠕变阶段时间/h	0.95	0.84	0.56
稳态蠕变阶段塑性应变/%	0.776	0.344	0.518
稳态蠕变阶段时间/h	129.53	26.15	14.61
稳态蠕变速率/(%/s)	1.66×10^{-6}	3.65×10^{-6}	9.85×10^{-6}
加速蠕变阶段塑性应变/%	35.035	22.637	38.386
加速蠕变阶段时间/h	115.02	94.48	54.13
蠕变寿命/h	245.5	121.47	69.3

6.2.2　980℃下 Ni_3Al 基单晶合金的蠕变组织演变

6.2.2.1　980℃下 Ni_3Al 基单晶合金蠕变后 γ' 相形态

Ni_3Al 基单晶合金在 980℃不同应力条件下蠕变后显微组织形态如图 6.16 所示。可以看出，3 种应力条件下单晶合金的 γ' 相的立方化程度均发生了明显的降低，由于单晶合金中原子的扩散，形成了典型的 γ' 相定向粗化，γ 相的网状结构被严重破坏，并被 γ' 相断开，大部分 γ' 相已经连通。随着蠕变应力的增加，蠕变寿命降低，由 γ 相分解析出的 Y-NiMo 相逐渐减少。

6.2.2.2　980℃下 Ni_3Al 基单晶合金蠕变后位错形态

Ni_3Al 基单晶合金在 980℃不同应力条件下蠕变后的位错组态如图 6.17 所示。当应力为 180MPa 时，由于蠕变寿命高达 245.5h，γ 和 γ' 相均发生了严重的定向粗化，γ 相中存在高密度的位错网，部分位错切割进入 γ' 相，但 γ' 相中的位错密度并不高。当应力增加到 205MPa 时，γ 相中高密度的位错网依然存在，位错以位错对的方式切入 γ' 相。随着应力增加到 230MPa，大量位错对切入 γ' 相，γ' 相中的位错发生相互交割，密度增大，强度降低，故而蠕变寿命仅为 69.3h。

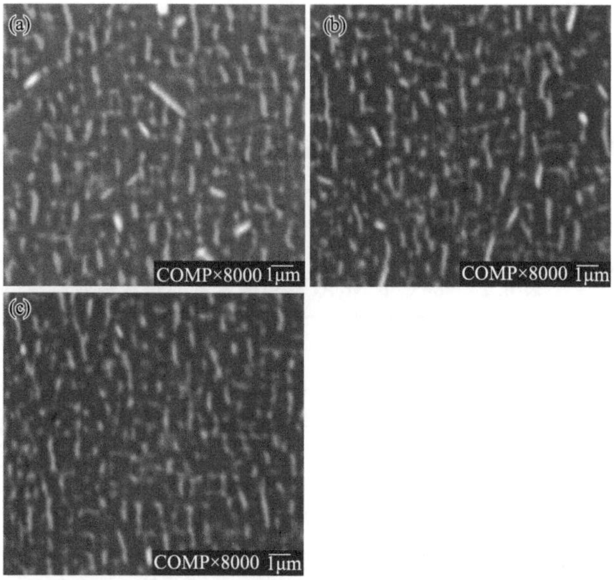

图 6.16　Ni_3Al 基单晶合金在 980℃ 下蠕变后显微组织形态

(a) 180MPa，245.5h；(b) 205MPa，121.47h；(c) 230MPa，69.3h

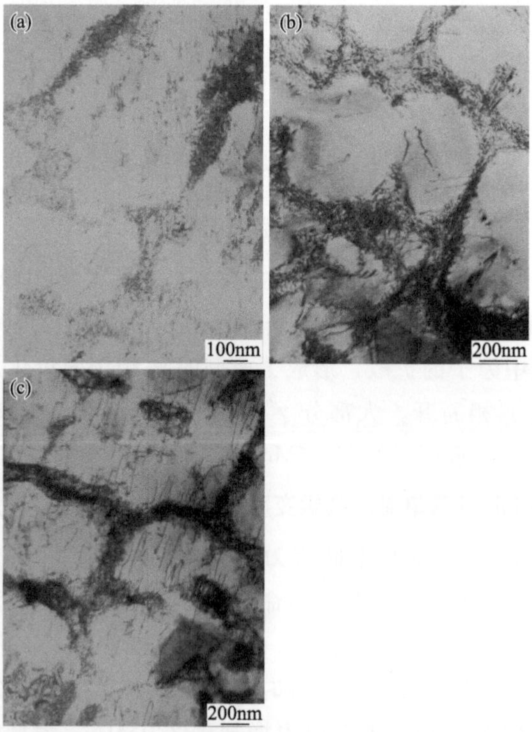

图 6.17　Ni_3Al 基单晶合金在 980℃ 下蠕变后位错组态

(a) 180MPa，245.5h；(b) 205MPa，121.47h；(c) 230MPa，69.3h

6.2.3 Ni_3Al 基单晶合金在 980℃/205MPa 下不同阶段的蠕变机制

980℃/205MPa 下 Ni_3Al 基单晶合金不同阶段的蠕变曲线如图 6.18 所示。

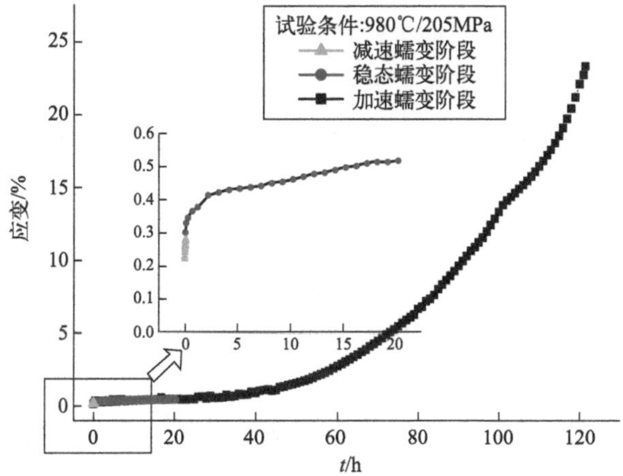

图 6.18 Ni_3Al 基单晶合金（980℃/205MPa）不同阶段的蠕变曲线

图 6.19 为 Ni_3Al 基单晶合金在 980℃/205MPa 下不同蠕变阶段的显微组织形貌，可见在减速蠕变阶段显微组织与热处理态组织没有明显变化，保持了严格的立方化组织。随着蠕变的进行，在稳态蠕变阶段 γ 和 γ' 相立方化程度已经降

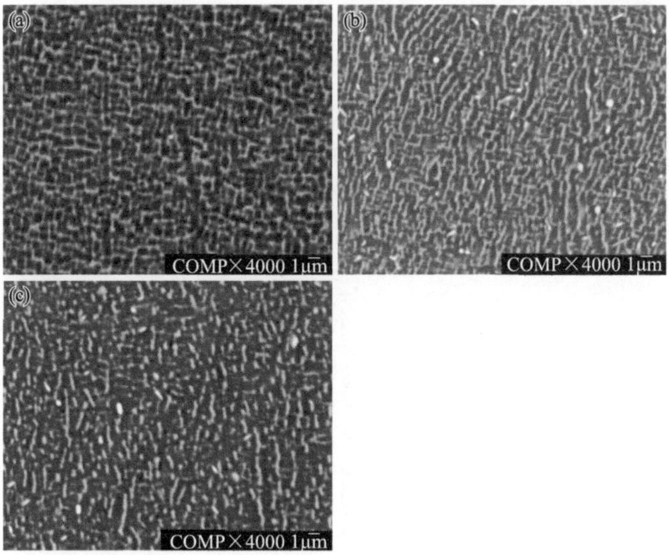

图 6.19 Ni_3Al 基单晶合金在 980℃/205MPa 下不同蠕变阶段的显微组织形貌

(a) 减速蠕变阶段；(b) 稳态蠕变阶段；(c) 加速蠕变阶段

低，发生了定向粗化行为，并存在 Y-NiMo 相的析出。进入加速蠕变阶段后，γ'相立方化程度进一步降低，γ 相网状结构被破坏，γ'相已经连通。

图 6.20 为 Ni_3Al 基单晶合金在 980℃/205MPa 下不同蠕变阶段的位错组态，可见在减速蠕变阶段，γ 相中的位错在不断增殖，位错密度增加，没有位错切入 γ'相［图 6.20(a)］。随着蠕变的进行，进入稳态蠕变阶段，γ 相中的位错密度逐渐增大，形成稳定的位错网，有效阻碍了位错的运动，且存在少量位错对切入 γ'相［图 6.20(b)］，γ'相发生缓慢的形变。当进入加速蠕变阶段，由于应力和应变较大，切入 γ'相的位错逐渐增多，发生位错缠结［图 6.20(c)］，γ 相中的位错网逐渐被破坏，单晶合金中的应力平衡被打破，大量位错切割进入 γ'相，使 γ'相的强度逐渐降低，最终单晶合金失效断裂。由于温度较高，单晶合金中的原子扩散较快，变形不仅由晶体中的位错滑移而产生，而且原子的扩散也为形变做出贡献，所以此温度下 Ni_3Al 基单晶合金的蠕变机制为位错滑移和扩散混合机制。

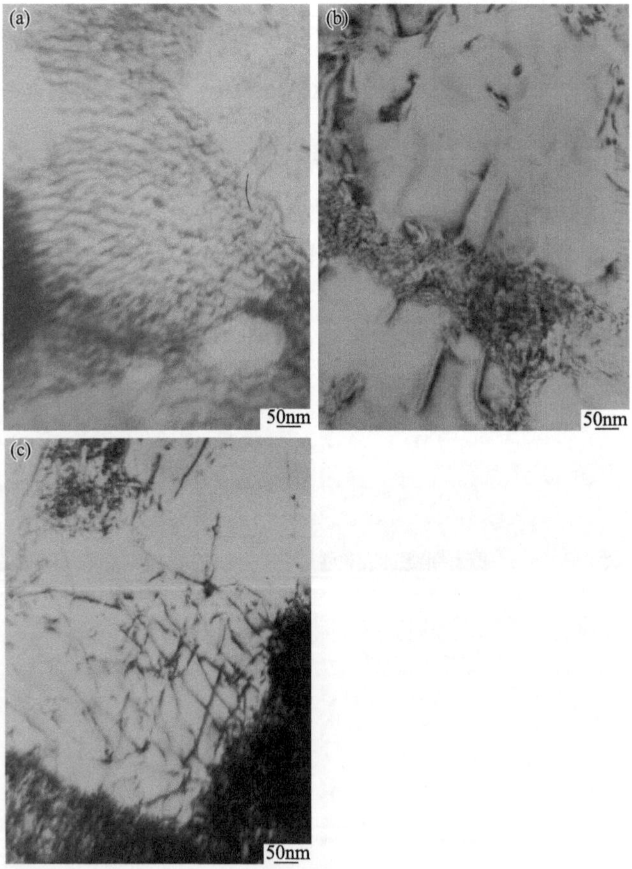

图 6.20　Ni_3Al 基单晶合金在 980℃/205MPa 下不同蠕变阶段的位错组态

(a) 减速蠕变阶段；(b) 稳态蠕变阶段；(c) 加速蠕变阶段

6.3 高温下 Ni_3Al 基单晶合金的蠕变行为

6.3.1 高温下 Ni_3Al 基单晶合金的蠕变性能

图 6.21 为高温下 Ni_3Al 基单晶合金不同应力条件下的蠕变曲线。从图中的蠕变曲线可以看出，3 种条件下单晶合金的 3 个蠕变阶段都很明显，减速蠕变阶段时间有所增加，但是加速蠕变阶段时间却显著减少。在 1100℃/137MPa 条件下，蠕变寿命最短，仅为 65.07h，合金经过 2.04h 的减速蠕变阶段进入稳态蠕变阶段，稳态蠕变应变量为 0.197%，稳态蠕变速率为 1.09×10^{-6}%/s。当蠕变温度不变，应力减小到 120MPa 时，单晶合金的稳态蠕变阶段持续时间迅速增加到 235.38h，蠕变应变量仅为 0.268%，稳态蠕变速率降低为 0.316×10^{-6}%/s，

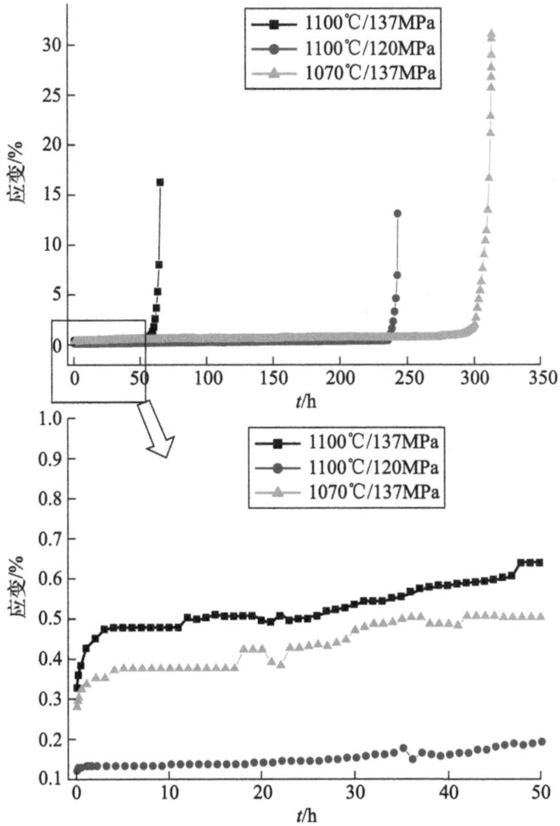

图 6.21 高温下 Ni_3Al 基单晶合金的蠕变曲线

降低了70%以上，随后合金进入7.41h的加速蠕变阶段，此应力下单晶合金的蠕变寿命为243.3h。当蠕变应力不变，温度降低为1070℃时，单晶合金的稳态蠕变阶段持续时间增加到288.65h，蠕变应变量为0.643%，稳态蠕变速率继续增加到0.618×10^{-6}%/s，蠕变寿命也高达313.8h。高温下Ni_3Al基单晶合金的蠕变性能见表6.3。

表6.3 高温下Ni_3Al基单晶合金的蠕变性能

蠕变性能＼条件	1100℃/137MPa	1100℃/120MPa	1070℃/137MPa
瞬时弹性应变/%	0.324	0.116	0.276
减速蠕变阶段塑性应变/%	0.124	0.012	0.071
减速蠕变阶段时间/h	2.04	0.51	1.51
稳态蠕变阶段塑性应变/%	0.197	0.268	0.643
稳态蠕变阶段时间/h	50.02	235.38	288.65
稳态蠕变速率/(%/s)	1.09×10^{-6}	0.316×10^{-6}	0.618×10^{-6}
加速蠕变阶段塑性应变/%	15.647	12.716	30.134
加速蠕变阶段时间/h	13.01	7.41	23.64
蠕变寿命/h	65.07	243.3	313.8

6.3.2 高温下Ni_3Al基单晶合金的蠕变组织演变

6.3.2.1 高温下Ni_3Al基单晶合金蠕变后显微组织形态

Ni_3Al基单晶合金在高温下蠕变后显微组织形态如图6.22所示。可以看出，3种条件下单晶合金的γ相形态已经完全失去了原有的网状结构，均发生了严重的定向粗化，并已经被γ'相分割开，γ'相已经完全连通。在1100℃/120MPa和1070℃/137MPa两个条件下，单晶合金蠕变后的γ相粗化形态相似，且两者的粗化程度均大于单晶合金在1100℃/137MPa条件下的蠕变。这是由于单晶合金在1100℃/137MPa条件下的蠕变寿命仅为65.07h，远远小于在1100℃/120MPa条件下的243.3h和1070℃/137MPa条件下的313.8h，而γ相的粗化行为是由高温下的原子扩散引起的，是原子定向流动的累加过程，且与粗化时间相关，所以蠕变寿命越长，γ相粗化程度越大。

6.3.2.2 高温下Ni_3Al基单晶合金蠕变后位错形态

Ni_3Al基单晶合金在1100℃/137MPa下蠕变后的位错组态如图6.23所示。可见，在γ'相内存在大量的攀移位错，由于γ相的粗化及被γ'相的分割，γ相已

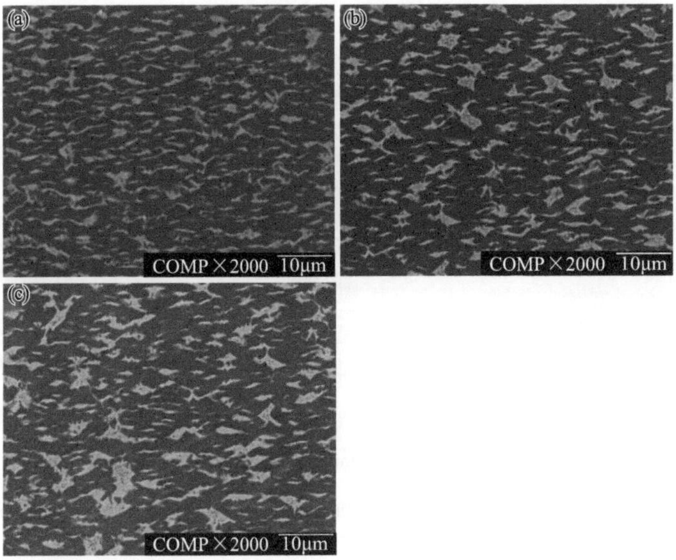

图 6.22　Ni_3Al 基单晶合金在高温下蠕变后显微组织形态

(a) 1100℃/137MPa，65.07h；(b) 1100℃/120MPa，243.3h；(c) 1070℃/137MPa，313.8h

经成为弥散的第二相强化粒子，位错在运动中以攀移的形式通过 γ 相，如图6.23 *A* 位置处所示。在图 6.23 *B* 处可以发现位错与 γ 相的相互吸引现象，这是由于位错滑移遇到 γ 相时，由于吸引作用，一段位错将与 γ 相紧密靠近，形同接触，而其余部分仍在原滑移面上滑移，位错通过局部攀移越过 γ 相。

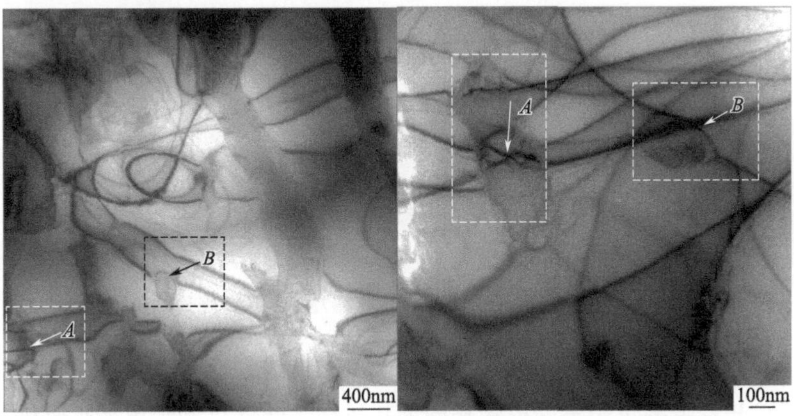

图 6.23　Ni_3Al 基单晶合金在 1100℃/137MPa 下蠕变后的位错组态

Ni_3Al 基单晶合金在 1100℃/120MPa 下蠕变后的位错组态如图 6.24 所示。在 γ' 相内位错密度很低，位错主要集中在 γ 相内，由于应力较小，γ 相内的位错不能切割进入 γ' 相，在界面处发生塞集，如图中 *A* 处所示。在图中 *B* 处为位错的攀移运动。

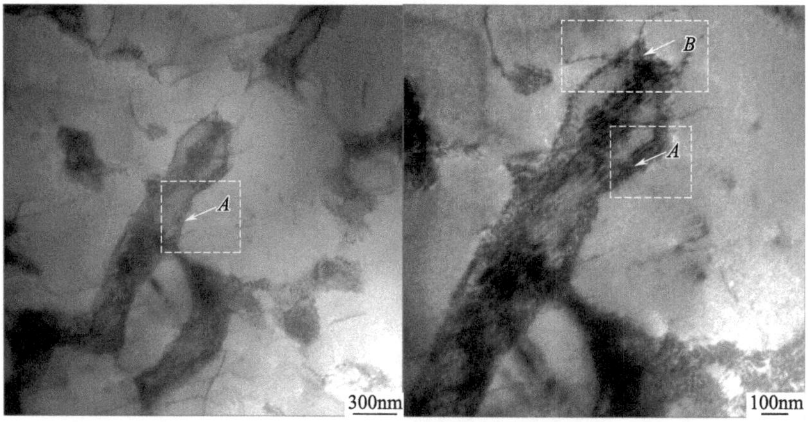

图 6.24 Ni_3Al 基单晶合金在 1100℃/120MPa 下蠕变后的位错组态

Ni_3Al 基单晶合金在 1070℃/137MPa 下蠕变后的位错组态如图 6.25 所示。在 γ' 相内位错主要以攀移的形式运动，如图中 A 处所示，位错很难通过滑移切入 γ' 相。

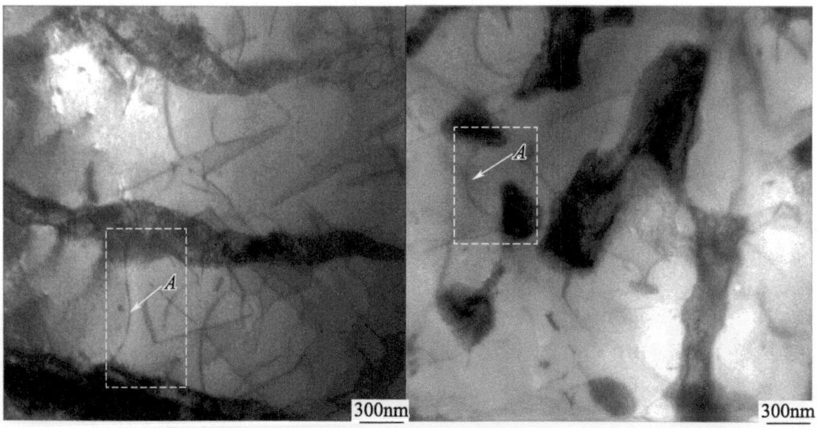

图 6.25 Ni_3Al 基单晶合金在 1070℃/137MPa 下蠕变后的位错组态

综上所述，应力的减小和温度的降低对蠕变性能的影响是等效的，在高温下 Ni_3Al 基单晶合金的位错主要以攀移的形式运动，蠕变机制是原子扩散机制。

6.3.3 Ni_3Al 基单晶合金在 1100℃/137MPa 下不同阶段的蠕变机制

1100℃/137MPa 下 Ni_3Al 基单晶合金不同阶段的蠕变曲线如图 6.26 所示。

图 6.27 为 Ni_3Al 基单晶合金在 1100℃/137MPa 下不同蠕变阶段的显微组织

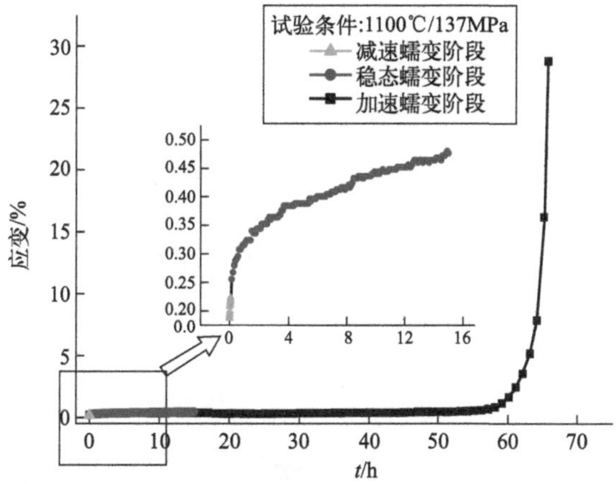

图 6.26 Ni_3Al 基单晶合金（1100℃/137MPa）不同阶段的蠕变曲线

形貌，可见在减速蠕变阶段显微组织与热处理态组织没有明显变化，保持了严格的立方化组织。随着蠕变的进行，在稳态蠕变阶段 γ 和 γ' 相立方化程度已经降低，发生了定向粗化行为。进入加速蠕变阶段后，γ 相网状结构被破坏，并且合并长大，γ' 相已经连通。

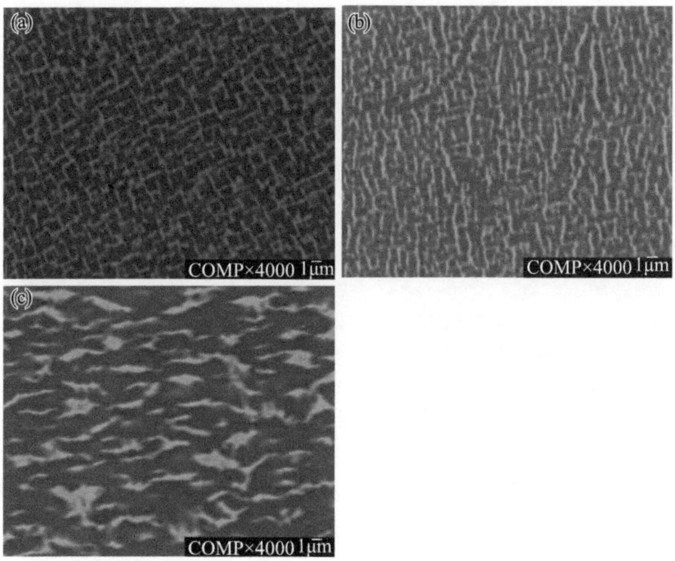

图 6.27 Ni_3Al 基单晶合金在 1100℃/137MPa 下不同蠕变阶段的显微组织形貌

（a）减速蠕变阶段；（b）稳态蠕变阶段；（c）加速蠕变阶段

图 6.28 为 Ni_3Al 基单晶合金在 1100℃/137MPa 下不同蠕变阶段的位错组态，可见在减速蠕变阶段，γ 相中的位错密度很高，已经初步形成位错网，没有

位错切入 γ'相［图 6.28(a)］。当进入稳态蠕变阶段，γ 相中形成稳定的位错网［如图 6.28(b) 中 A 位置所示］，有效阻碍了位错的运动，没有位错切入 γ'相，少量位错以攀移的形式在合金中运动［见图 6.28(b) 中 B 位置］。当进入加速蠕变阶段，γ'相中位错密度增大，大量位错依然以攀移的形式运动，没有发现位错滑移切入 γ'相，如图 6.28(c)。由于温度很高，单晶合金中的原子扩散速率很快，变形主要由晶体中的原子扩散引起的位错攀移而产生，所以此温度下 Ni_3Al 基单晶合金的蠕变机制为扩散机制。

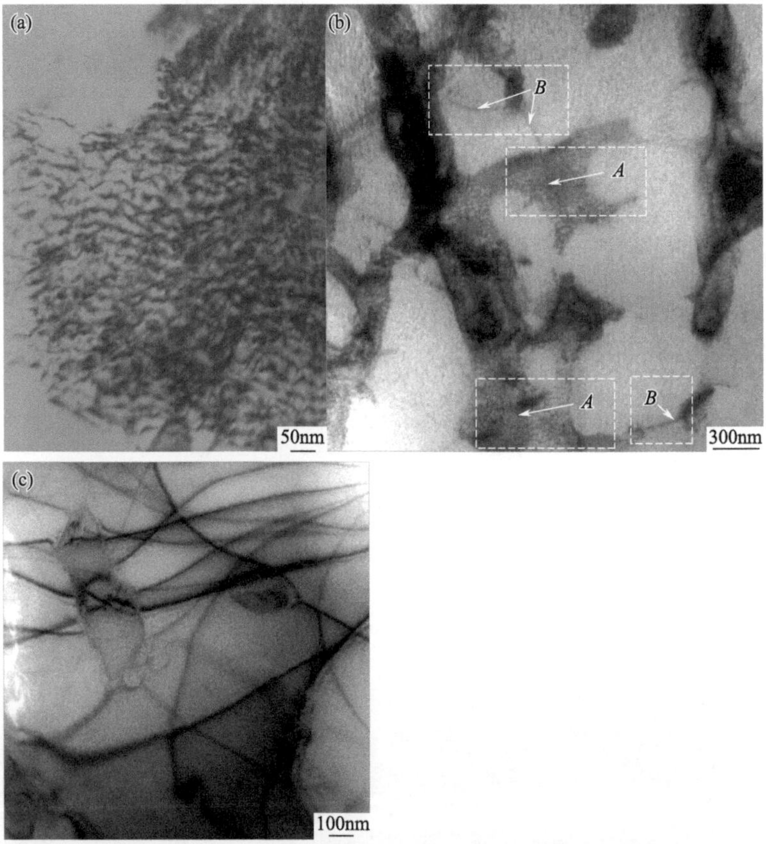

图 6.28　Ni_3Al 基单晶合金在 1100℃/137MPa 下不同蠕变阶段的位错组态

(a) 减速蠕变阶段；(b) 稳态蠕变阶段；(c) 加速蠕变阶段

通过以上研究得到以下结论：

① 760℃下 Ni_3Al 基单晶合金不同应力条件下的蠕变性能差异显著。当应力由 500MPa 提高到 540MPa 时，稳态蠕变速率由 8.06×10^{-9}%/s 迅速增加到 6.03×10^{-7}%/s。当应力继续增加到 580MPa 时，稳态蠕变阶段消失。

② Ni_3Al 基单晶合金在 760℃/540MPa 下，在减速蠕变阶段，γ 相中的位错

不断增殖，但没有位错切入 γ' 相。随着蠕变的进行，γ 相中的位错密度逐渐增大，形成稳定的位错网，有效阻碍了位错的运动，单晶合金所受拉应力与位错阻力达到平衡状态，进入稳态蠕变阶段，但存在少量的位错切入 γ' 相，使 γ' 相发生缓慢的形变。进入加速蠕变阶段，大量位错切割进入 γ' 相，使 γ' 相的强度逐渐降低，最终单晶合金失效断裂。此温度下 Ni_3Al 基单晶合金的蠕变机制为位错滑移机制。

③ 980℃下 Ni_3Al 基单晶合金不同应力条件下的蠕变性能差异不显著。当应力由 180MPa 增加到 230MPa 时，稳态蠕变速率变化不大。

④ Ni_3Al 基单晶合金在 980℃下，由于温度较高，单晶合金中的原子扩散较快，变形不仅由晶体中的位错滑移而产生，原子的扩散也为形变做出贡献，所以此温度下 Ni_3Al 基单晶合金的蠕变机制为位错滑移和扩散混合机制。

⑤ 在 1100℃/137MPa 下，γ' 相内存在大量的攀移位错，由于 γ 相的粗化及被 γ' 相的分割，γ 相已经成为弥散的第二相强化粒子，位错在运动中以攀移的形式通过 γ 相。在 1100℃/120MPa 下，γ' 相内位错密度很低，位错主要集中在 γ 相内，γ 相内的位错不能切割进入 γ' 相，在界面处发生塞集。在 1070℃/137MPa 下，γ 相内位错主要以攀移的形式运动，位错很难通过滑移切入 γ' 相。由于温度很高，单晶合金中的原子扩散速率很快，变形主要由晶体中的原子扩散引起的位错攀移而产生，所以高温下 Ni_3Al 基单晶合金的蠕变机制为原子扩散机制。

第 7 章 Ni_3Al基单晶合金应用及展望

飞机动力是否强劲很大程度取决于其发动机是否具有高的推重比，而推重比是随着涡轮进口温度的提升而提高的，以国外典型的第三代和第四代发动机性能为例，涡轮前温度提高了 200℃左右，而其推重比足足提高了约 20％（如表 7.1 所示）。

表 7.1 发动机涡轮叶片选用材料发展历程

代别	第二代	第三代	第四代	第五代
主要性能指标	推重比：4∶6； 涡轮前温度： 1300～1500K	推重比：7∶8； 涡轮前温度： 1680～1750K	推重比：9∶10； 涡轮前温度： 1850～1980K	推重比：12∶15； 涡轮前温度： 2100～2200K
典型发动机	斯贝 MK202 服役：20 世纪 60 年代	F100，F110 服役：20 世纪 70 年代	F119，EJ200 服役：20 世纪末	2018 年后
涡轮叶片结构材料	实心叶片	气膜冷却空心涡轮叶片	复合冷却空心叶片	双层壁超冷/铸冷涡轮叶片
	定向合金和高温合金	第一代单晶和定向合金	第二代单晶合金	金属间化合物 第三代单晶合金

因此，先进航空发动机材料都必须要有优异的高温性能。单晶高温合金由定向凝固技术发展而来，因其消除了晶界，提高了合金初熔点，使合金能够在更高温度下进行固溶处理，从而使合金的综合性能得到提高。现代航空发动机热端部件较多采用的是镍基单晶高温合金，然而使用温度已接近镍基高温合金的熔点，想要继续提高镍基合金的承温能力十分困难。

Ni_3Al 基合金最初因其具有金属间化合物共有的脆性问题，导致出现难加工等问题，主要表现在常温和高温强度高、切削力大，加工硬化倾向大、切削困难等。直到后来有学者发现 B 元素的加入能够有效改善该合金的塑性，从而让 Ni_3Al 基合金能够应用于实际工程中。

克服室温塑性低、加工性能差的问题后，Ni_3Al 金属间化合物凭借其高熔点、低密度、比强度高、稳定性高、高温强化和高温抗氧化性能强等优点，在高温结构材料的应用中具备很大的优势。为此国内外开发了一系列 Ni_3Al 基合金用作先进航空发动机的热端部件，如导向叶片或涡轮工作叶片。

我国已开发的 Ni_3Al 基合金主要有定向凝固柱晶 IC6、IC6A、IC10；等轴晶 IC6E、MX246、MX246B；单晶合金 IC6SX、IC21、IC32 等。而国外已开发的 Ni_3Al 基合金主要有美国的 IC-50、IC-21、IC-221M 等和俄罗斯的 BKHA 系列铸造合金。研究人员在 Ni_3Al 基合金的基础上发展了新的 Ni_3Al 基单晶合金，以期在继承 Ni_3Al 基合金优良性能的基础上，能够获得更为优异的综合性能。

7.1 国内 Ni_3Al 基单晶合金应用

7.1.1 IC6SX 单晶合金

IC6 是我国第一个用于航空发动机的 Ni_3Al 基合金，该合金适用于 1150℃下工作的涡轮导向叶片的主要原因如下：

① 成分设计上，IC6 合金采用 Mo 作为主要强化元素，合金成分中不含贵金属、稀有金属元素，所以使得该合金具有较高熔点、低密度、低成本的优点。

② 力学性能上，IC6 合金具备优异的拉伸和蠕变等性能，760℃、100h 的持久强度达 824MPa，1100℃、100h 的持久强度达 100MPa，具有良好的高温强度。

Ni_3Al 基单晶合金 IC6SX 由 IC6 合金发展而来，在消除了晶界的同时并未改变合金基本成分，因此 IC6SX 单晶合金的综合性能比 IC6 合金更加优异，目标应用于航空发动机的涡轮叶片及导向叶片等。近年来，蒋立武、李树索等对 IC6SX 单晶合金的成分设计、微观组织演化及力学行为等进行了系统的研究，最大限度激发 IC6SX 单晶合金在航空发动机上的应用潜力。

7.1.2 IC21 单晶合金

针对第三代、第四代 Ni 基单晶合金密度高、成本高、1150℃及以上高温蠕变强度退化等问题，北京航空航天大学宫声凯等研发了一种低密度、低成本、高强度 Ni_3Al 基单晶合金 IC21。其中，Re 含量不大于 1.5%，密度小于 8.0g/cm^3，初熔温度约为 1345℃。经过热处理后，γ' 相分布均匀，体积分数为 80%左右，具有较高的 γ' 相立方化程度和排列有序度。

李树索等通过确立合适的热处理制度使得 IC21 单晶合金在综合性能方面具有非常突出的优势：具有优异的组织稳定性，在 1080℃长期热暴露后，没有拓扑密堆相析出；拉伸性能和蠕变等性能优越，在 1100℃下抗拉强度和屈服强度分别为 490MPa 和 470MPa，在 1150℃、100MPa 条件下的持久寿命可达 110h；具有良好的高温抗氧化性及铸造性等。魏丽等研究了高温时效热处理对 Ni_3Al 基单晶合金 IC21 组织和硬度的影响，进一步优化了时效热处理温度和时间，得到了理想的 γ'相立方度、尺寸、体积分数及分布，合金的力学性能有了进一步的提升。

宫声凯等研究发现高温蠕变强度退化的机制是高温服役时 γ'/γ 相界面强化效果降低和 γ'相回溶，该合金在铸造工艺性、抗热震性能、热机疲劳性能的分析测试中取得了优异的表现。IC21 已经在高性能航空发动机研制中获得应用，支撑了我国航空发动机性能提升和发展。

7.2 国外 Ni_3Al 基单晶合金的应用

俄罗斯 BKHA 系列的铸造 Ni_3Al 基合金具备相当好的综合性能，在许多领域都得到了应用。BKHA 系列的铸造 Ni_3Al 基合金相关参数如表 7.2。

表 7.2 BKHA 系列合金

合金牌号	研制年代	密度/(g/cm^3)	σ_b/kg	δ/%	$\sigma_{100h}^{1100℃}$/kg	$\sigma_{100h}^{1200℃}$/kg
BKHA-1RK	1982	7.5	68	7.5	2.5	1.0
BKHA-4(等轴晶)	1984	7.8	72	15.5	5.5	2.3
BKHA-4H(定向)	1985	7.8	80	19.0	6.5	2.5
BKHA-4Y(定向)	1988	7.9	77	30.0	9.5	4.5
BKHA-4Y(单晶)	1989	7.9	134	16.0	11.0	5.0
BKHA-1B(定向)	1990	7.9	74	50.0	6.5	4.3

该系列合金主要作为 1150～1200℃工作环境下的燃烧室或导向叶片材料。由于其主要成分含 Ni、Al、Cu、W、Mo、Ti 等元素，不含 Re、Ta 等元素，所以 BKHA 系列合金具有低成本、低密度等优点。由表 7.2 可知，BKHA 系列合金的发展是从等轴晶到定向柱状晶再到单晶的，该系列合金具有较好的室温塑性和高温持久强度，BKHA-4Y 作为该系列的 Ni_3Al 基单晶合金，其在 1100℃、1200℃的高温下具有相当高的持久强度，室温下也具有非常高的抗拉强度。据称 BKHA 系列合金在高温下组织十分稳定，且长期时效后也无 TCP 相析出，同时力学性能没有明显下降。在抗氧化方面，BKHA-1B 合金表现十分优异，不仅在

1100℃、100h 的条件下能达到完全抗氧化级别，而且在 1200℃下不需防护涂层就能作为导向叶片使用。涂层的去除，可以降低飞机重量，有利于提高飞机推重比，在生产上能够提高效率的同时有效节约成本。

7.3 展望

Ni_3Al 金属间化合物的研究与应用进展十分迅速，国内外已开发出一系列 Ni_3Al 基合金新材料，我国研发的 Ni_3Al 基高温结构材料已经应用于先进航空发动机、核电及燃气涡轮机等，应用前景十分广阔。

国内研制的新型低铼 Ni_3Al 基单晶合金 IC21 被选为我国某型在研航空发动机的高压涡轮导向单晶叶片、工作单晶叶片及涡轮外环用材料，突破了单晶薄壁铸件尺寸和生长取向控制以及叶片热处理等关键技术，现阶段由 IC21 合金已成功研制出满足设计要求的工作叶片、导向叶片、涡轮外环等单晶部件，支撑了航空发动机的研制。但我国 Ni_3Al 基单晶合金研发种类较少，应开发更多种类 Ni_3Al 基单晶合金，应用于不同领域，发掘其重要特性。

镍基单晶合金已经将我国航空发动机的技术提升了一个高度，因此我们有理由相信随着 Ni_3Al 基单晶合金的发展，能够制造出承温能力更高、成本更低、组织更稳定、综合性能更优异的先进航空发动机材料构件，在航空航天等领域获得广泛应用。

参考文献

[1] Bewlay B P, Jackson M R, Subramanian P R, et al. A review of very-high-temperature Nb-silicide-based composites [J]. Metallurgical and Materials Transactions A, 2003, 34: 2043-2052.

[2] Tanaka R, Kasama A, Fujikura M, et al. Newly developed niobium-based superalloys for elevated temperature application [C]. Proceedings of the International Symposium on Niobium for High Temperature Applications. Monroe, Goergia, USA: The Minerals, Metals & Materials Society, 2004.

[3] Kablov E N, Lomberg B S, Buntushkin V P, et al. Intermetallic Ni_3Al-base alloy: a promising material for turbine blades [J]. Metal science and heat treatment, 2002, 44: 284-287.

[4] 师昌绪. 中国高温合金五十年. 北京：冶金工业出版社，2006：95-102.

[5] 张永刚，韩雅芳，陈国良，等. 金属间化合物结构材料. 北京：国防工业出版社，2001：550-629.

[6] Han Y F, Ma W Y, Dong Z Q, et al. Effect of ruthenium on microstructure and stress rupture properties of a single crystal nickel-base superalloy, superalloys 2008 [C]. TMS, 2008: 91-98.

[7] Lapin J. Effect of directional solidification and heat treatments on the microstructure and mechanical properties of multiphase intermetallic Zr-doped Ni-Al-Cr-Ta-Mo alloy [J]. Intermetallics, 2006, 14(12): 1417-1427.

[8] 李玉芳，郭建亭，周兰章，等. $Ni_3Al(Z)$ 合金室温拉伸性能及 Zr 韧化机制的探讨 [J]. 稀有金属材料与工程，2004，33 (10)：1061-1064.

[9] 郭建亭，李玉芳，熊良钺. 合金元素 Zr 韧化不同计量比 Ni_3Al 合金的微观机制 [J]. 物理学报，2005，54 (4)：1868.

[10] 林万明，卫英慧，侯利锋. 合金元素在 Ni_3Al 金属间化合物中的作用 [J]. 材料导报，2008，22 (8)：61-63.

[11] Izumi T, Mu N, Zhang L, et al. Effects of targeted γ-Ni+γ'-Ni_3Al-based coating compositions on oxidation behavior [J]. Surface and Coatings Technology, 2007, 202(4-7): 628-631.

[12] Lee D B, Santella M L. High temperature oxidation of Ni_3Al alloy containing Cr, Zr, Mo, and B [J]. Materials Science and Engineering A, 2004, 374(1-2): 217-223.

[13] Čermák J, Rothová V. Influence of Cr upon hydrogen permeation in Ni_3Al at low partial pressure of oxygen [J]. Intermetallics, 2001, 9(3): 245-251.

[14] Zhang X, Luo H, Li S, et al. Effection of alloying elements on microstructures of MX 246 and MX 246A Ni_3Al-based alloys [J]. Journal of Iron and Steel Research, International, 2007, 14(5): 45-52.

[15] Deng W, Luo H, Li S, et al. Isothermal oxidation behavior of a cast Ni_3Al-base superalloy MX 246A [J]. Journal of Iron and Steel Research, International, 2007, 14(5): 59-65.

[16] Mi G F, Fu H X, Liu Y L, et al. Dislocation structure and fracture characteristics of spray deposited Ni_3Al-Mo intermetallic compound alloy (IC6)[J]. Rare Metal Materials and Engineering, 2008, 37(7): 1144-1148.

[17] Ojo O A, Ding R G, Chaturvedi M C. Laser beam weld microstructures in directionally solidified alloy IC6 [J]. Intermetallics, 2008, 16(2): 188-197.

[18] Lang F, Narita T. Improvement in oxidation resistance of a Ni_3Al-based superalloy IC6 by rhenium-based diffusion barrier coatings [J]. Intermetallics, 2007, 15(4): 599-606.

[19] Song J X, Han Y F, Xiao C B. Effect of Y ion implantation on oxidation behavior of IC6 alloy at 1100℃ [C]. Materials Science Forum, Trans Tech Publications Ltd, 2005, 475: 767-770.

[20] Li S, Song J, Zhou C, et al. Microstructure evolution of NiCoCrAlY overlay coating for Ni_3Al based alloy IC6 turbine vane during long term engine test [J]. Intermetallics, 2005, 13(3-4): 309-314.

[21] Xiao C, Han Y, Li S, et al. Effect of Ru on structural stability and mechanical properties of Ni-Al-Mo-B alloy IC6 [J]. Materials Letters, 2003, 57(24-25): 3843-3846.

[22] Zhang H, Wang T, Wang C, et al. Effect of irradiation with intense pulsed ion beams on the phase evolution of Ni_3Al based superalloy IC6 [J]. Xiyou Jinshu Cailiao yu Gongcheng (Rare Metal Materials and Engineering), 2003, 32(3): 216-219.

[23] Li S S, Han Y F, Xiao C B, et al. Effect of coating repair on microstructure and mechanical properties of Ni_3Al based alloy IC6 [J]. Transactions of the Nonferrous Metals Society of China, 2002, 12(4): 653-655.

[24] Xiao C B, Han Y F, Li S S, et al. Effect of high temperature aging on microstructure and mechanical properties of a directionally solidified Ni_3Al base alloy IC6A [J]. Transactions of Nonferrous Metals Society of China, 2002, 12(4): 656-658.

[25] Xiao C, Han Y. Study of precipitates due to the addition of silicon in yttrium modified Ni-Al-Mo-B alloy IC6 [J]. Materials Science and Engineering A, 2002, 323(1-2): 58-61.

[26] Xiao C B, Han Y F. Effect of silicon on microstructure and stress rupture properties at 1100℃ of yttrium modified Ni-Al-Mo-B alloy IC6 [J]. Journal of Materials Science, 2001, 36: 1027-1030.

[27] Han Y, Xiao C. Effect of yttrium on microstructure and properties of Ni_3Al base alloy IC6 [J]. Intermetallics, 2000, 8 (5-6): 687-691.

[28] 师昌绪.中国高温合金五十年 [M].北京：冶金工业出版社，2006.

[29] Kawagishi K, Sato A, Kobayashi T, et al. Oxidation properties for 2 super (nd)-5 super(th) generation Ni-base single-crystal superalloys at 1023, 1173 and 1373 K [J]. Journal of the Japan Institute of Metals, 2007, 71(3): 313-319.

[30] 胡壮麒，刘丽荣，金涛，等.镍基单晶高温合金的发展 [J].航空发动机，2005，31 (3)：1-7.

[31] Sato A, Harada H, Yeh A C, et al. A 5th generation SC superalloy with balanced high temperature properties and processability [J]. Superalloys, 2008: 131-138.

[32] Kawagishi K, Sato A, Kobayashi T, et al. Temperature dependence of oxidation properties for 5(th) generation Ni-base single-crystal superalloys [J]. Journal of the Japan Institute of Metals, 2006, 70(8): 686-689.

[33] 刘峰，蔡瑜，郭学锋，等.过冷 DD3 单晶高温合金凝固组织演化 [J].金属学报，2000，36(6)：567-572.

[34] Fuchs G E. Solution heat treatment response of a third generation single crystal Ni-base superalloy [J]. Materials Science and Engineering A, 2001, 300(1-2): 52-60.

[35] 李恒德，刘波操，韩雅芳，等.现代材料科学与工程词典 [M].济南：山东科学技术出版社，2002.

[36] 王亚男，陈树江，董希淳.位错理论及其应用 [M].北京：冶金工业出版社，2007.

[37] Reed R C. The Superalloys: Fundamentals and Applications [M]. Cambridge: Cambridge University Press, 2008.

[38] Pocheau A, Deschamps J, Georgelin M. Dendrite growth directions and morphology in the directional solidification of anisotropic materials [J]. JOM, 2007, 59: 71-76.

[39] Zhou Y Z, Volek A, Green N R. Mechanism of competitive grain growth in directional solidification of a nickel-base superalloy [J]. Acta Materialia, 2008, 56(11): 2631-2637.

[40] Stanford N, Djakovic A, Shollock B A, et al. Seeding of single crystal superalloys—role of seed melt-back on casting defects [J]. Scripta Materialia, 2004, 50(1): 159-163.

[41] Seo S M, Kim I S, Lee J H, et al. Grain structure and texture evolutions during single crystal casting of the Ni-base superalloy CMSX-4 [J]. Metals and Materials International, 2009, 15: 391-398.

[42] Dai H J, Gebelin J C, Newell M, et al. Grain selection during solidification in spiral grain selector [J]. Superalloys, 2008(1): 367-374.

[43] D'souza N, Jennings P A, Yang X L, et al. Seeding of single-crystal superalloys—Role of constitutional undercooling and primary dendrite orientation on stray-grain nucleation and growth [J]. Metallurgical and Materials Transactions B, 2005, 36: 657-666.

[44] Stanford N, Djakovic A, Shollock B, et al. Defect grains in the melt-back region of CMSX-4 single crystal seeds [J]. Superalloys, 2004: 719-726.

[45] Yang X L, Lee P D, D'Souza N. Stray grain formation in the seed region of single-crystal turbine blades [J]. JOM, 2005, 57: 40-44.

[46] Elliott A J, Pollock T M, Tin S, et al. Directional solidification of large superalloy castings with radiation and liquid-metal cooling: A comparative assessment [J]. Metallurgical and Materials Transactions A, 2004, 35: 3221-3231.

[47] Madeleine D. The Microstructure of Superalloys [M]. Boca Raton: CRC, 1998: 61.

[48] Esaka H, Daimon H, Natsume Y, et al. Growth direction of cellular and dendritic interface in a constrained growth condition [J]. Materials Transactions, 2002, 43(6): 1312-1317.

[49] Wilson B C, Cutler E R, Fuchs G E. Effect of solidification parameters on the microstructures and properties of CMSX-10 [J]. Materials Science and Engineering A, 2008, 479(1-2): 356-364.

[50] Li J, Wang Z, Jin T. Effects of withdrawal rate on microstructure of a nickel-base single crystal superalloy [J]. Materials for Mechanical Engineering, 2002, 26(4): 17-19.

[51] Wu Q, Si N, Guo Y, et al. Relationship between primary dendrite arm spacing of Al-4.5% Cu alloy and withdrawal rate during unidirectional solidification [J]. Chinese Journal of Nonferrous Metals, 2007, 17(7): 1101.

[52] 常国威，王建中. 金属凝固过程中的晶体生长与控制 [M]. 北京：冶金工业出版社，2002.

[53] Zheng Q, Hou G, Tian W, et al. Grain selection behavior of single crystal superalloy [J]. Chinese Journal of Nonferrous Metals, 2001, 11(2): 176-178.

[54] Shyam A, Milligan W W. Effects of deformation behavior on fatigue fracture surface morphology in a nickel-base superalloy [J]. Acta Materialia, 2004, 52(6): 1503-1513.

[55] Xia P C, Yu J J, Sun X F, et al. Influence of heat treatment on the microstructure and stress rupture property of DZ951 alloy [J]. Journal of Materials Processing Technology, 2007, 186(1-3): 315-322.

[56] 李树索，郑运荣，韩雅芳，等. 铝含量对定向凝固 Ni_3Al 基合金显微组织和持久性能的影响 [J]. 稀有金属材料与工程，2004，33(12)：1329-1332.

[57] 马文有，韩雅芳，李树索，等. Mo 含量对一种镍基单晶高温合金显微组织和持久性能的影响 [J]. 金属学报，2006，42(11)：1191-1196.

[58] 刘丽荣，金涛，赵乃仁，等. 一种镍基单晶高温合金蠕变机制的研究 [J]. 金属学报，2005，41(11)：107-112.

[59] 董志国，王鸣，李晓欣，等. 航空发动机涡轮叶片材料的应用与发展 [J]. 钢铁研究学报，2011，23(S2)：455-457.

[60] 孙晓峰，金涛，周亦胄，等. 镍基单晶高温合金研究进展 [J]. 中国材料进展，2012，31(12)：1-11.

[61] 高奇，巩亚东，周云光. 单晶 Ni_3Al 基高温合金微铣削表面粗糙度试验研究 [J]. 中国机械工程，2016，27

(6)：801-804.

[62] 陈金栌，朱定一，林登宜. Ni_3Al 基合金的研究与应用进展 [J]. 材料导报，2006，20(1)：35-38.

[63] 董虹星，贺跃辉. Ni_3Al 金属间化合物的研究进展 [J]. 粉末冶金材料科学与工程，2009(2)：83-88.

[64] Jiang L，Dou X，Wu M，et al. Microstructure and heat treatment for Ni_3Al-based single crystal alloy with different crystal orientations [J]. Progress in Natural Science：Materials International，2020，30(4)：533-538.

[65] Wei L，Zhang Z，Zhang H，et al. Influence of aging heat treatment on microstructure and hardness of single crystal Ni_3Al-base superalloy IC21 [J]. Procedia Engineering，2012，27：1081-1088.

[66] 中国金属学会高温材料分会编. 中国高温合金手册 [M]. 北京：中国标准出版社，2012：825-832.

[67] Chang C，Jiang L，Wu M，et al. Effect of temperature and stress on high temperature creep behavior of Ni_3Al-based single crystal superalloy [J]. Progress in Natural Science：Materials International，2022，32(2)：267-271.

[68] 魏丽，张恒，李树索，等. 热处理对一种 Ni_3Al 基单晶合金组织的影响 [J]. 稀有金属，2012，36(2)：178-183.

[69] Li M，Song J，Han Y. Effects of boron and carbon contents on long-term aging of Ni_3Al-base single crystal alloy IC6SX [J]. Procedia Engineering，2012，27：1054-1060.

[70] Jiang L，Cui Y，Wu M，et al. Creep behavior and dislocation mechanism of Ni_3Al based single crystal alloy IC6SX at 760℃ [J]. Progress in Natural Science：Materials International，2021，31(5)：755-761.

[71] Jiang L，Li S，Han Y. Investigation on selection crystal behavior of a Ni_3Al-based single crystal superalloy IC6SX [J]. Procedia Engineering，2012，27：1135-1140.

[72] 李明，宋尽霞，李树索. B 和 C 含量对 Ni_3Al 基单晶合金 IC6SX 长期时效的影响 [C]. 北京：2011.

[73] 宋尽霞，肖程波，李树索，等. 950℃长期时效对 Ni_3Al 基合金 IC6 的组织及力学性能的影响 [J]. 金属学报，2002，38(3)：250-254.

[74] Li P，Li S，Han Y. Influence of solution heat treatment on microstructure and stress rupture properties of a Ni_3Al base single crystal superalloy IC6SX [J]. Intermetallics，2011，19(2)：182-186.

[75] Jiang L，Cui Y，Wu M，et al. Creep behavior and dislocation mechanism of Ni_3Al based single crystal alloy IC6SX at 760℃ [J]. Progress in Natural Science：Materials International，2021，31(5)：755-761.

[76] Kong Z，Li S. Effects of temperature and stress on the creep behavior of a Ni_3Al base single crystal alloy [J]. Progress in Natural Science：Materials International，2013，23(2)：205-210.

[77] Dai P C，Peng H，Pei Y L，et al. Improvement in Oxidation Resistance of Ni_3Al Based Single Crystal Superalloy IC32 by NiAlHfSi Coating [C]. Materials Science Forum，Trans Tech Publications Ltd，2013，747：604-612.

[78] 赵海根，李树索，裴延玲，等. Ni_3Al 基单晶合金 IC21 的微观组织及力学性能 [J]. 金属学报，2015，51(10)：1279-1287.

[79] 魏丽，张恒，李树索，等. 热处理对一种 Ni_3Al 基单晶合金组织的影响 [J]. 稀有金属，2012，36(2)：178-183.

[80] Jiang L，Yang Y，Wu M，et al. Study on the creep behavior of a Ni_3Al-based single crystal alloy at 850℃/450MPa [J]. International Journal of Photoenergy，2020：1-7.

[81] Jiang L W，Wu M L，Li S S，et al. Rotating bending fatigue behaviour of a Ni_3Al-based single crystal alloy IC6SX at 760℃ [J]. Materials Research Innovations，2015，19(sup4)：S163-S169.

[82] Zhang J，Wang L，Wang D，et al. Recent progress in research and development of nickel-based single crystal

superalloys [J]. Acta Metallurgica Sinica, 2019, 55(9): 1077-1094.

[83] Chen J Y, Cao L M, Xue M, et al. Microstructure and stress-rupture property of an experimental single crystal Ni-base superalloy with different heat treatments [J]. Rare Metals, 2014, 33: 144-148.

[84] Xu K D, Ren Z M, Li C J. Progress in application of rare metals in superalloys [J]. Rare Metals, 2014, 33: 111-126.

[85] Latief F H, Kakehi K, Murakami H. Anisotropic creep behavior of aluminized Ni-based single crystal superalloy TMS-75 [J]. Materials Science and Engineering A, 2013, 567: 65-71.

[86] Nörtershäuser P, Frenzel J, Ludwig A, et al. The effect of cast microstructure and crystallography on rafting, dislocation plasticity and creep anisotropy of single crystal Ni-base superalloys [J]. Materials Science and Engineering A, 2015, 626: 305-312.

[87] Yong S, Sugui T, Huichen Y, et al. Microstructure evolution and its effect on creep behavior of single crystal Ni-based superalloys with various orientations [J]. Materials Science and Engineering A, 2016, 668: 243-254.

[88] Yang C, Liu L, Zhao X, et al. Dendrite morphology and evolution mechanism of nickel-based single crystal superalloys grown along the <001> and <011> orientations [J]. Progress in Natural Science: Materials International, 2012, 22(5): 407-413.

[89] Chubin Y, Lin L, Xinbao Z, et al. Dendrite arm spacings and microsegrega tions in <001> and <011> orientated single crystal superalloys DD407 [J]. Acta Metallurgica Sinica, 2011, 47(10): 1246-1250.

[90] Tian S G, Yu L L, Zhang S, et al. Influence of crystal orientations on creep behaviors of single crystal nickel-based superalloy [J]. Chinese Journal of Nonferrous Metals, 2011, 21(2): 356.

[91] Zhang Z K, Wang B Z, Liu D S, et al. Creep properties and fracture mechanism of DD6 [J]. Journal of Materials Science and Engineering, 2012, 30(3): 375.

[92] Wei L, Zhang Z, Zhang H, et al. Influence of aging heat treatment on microstructure and hardness of single crystal Ni_3Al-base superalloy IC21 [J]. Procedia Engineering, 2012, 27: 1081-1088.

[93] Kong Z, Li S. Effects of temperature and stress on the creep behavior of a Ni_3Al base single crystal alloy [J]. Progress in Natural Science: Materials International, 2013, 23(2): 205-210.

[94] Shi X N, Liu Y Y, Ning Y Q, et al. Physically-based constitutive model of nickel-based superalloy ATI 718Plus [J]. Chinese Journal of Rare Metals, 2019, 43(6): 613.

[95] Yue X D, Li J R, Wang X G. The microstructure of a single crystal superalloy after different aging heat treatments [J]. Rare Metals, 2018, 37(3): 210.

[96] Zhang B, Liu C K, He Y H, et al. Recrystallization of SRR99 single-crystal superalloy: kinetics and microstructural evolution [J]. Rare Metals, 2010, 29(3): 312.

[97] Deng L P, Lu S Q, Tang B B. High temperature creep behavior of Nb-Cr-Mo alloy [J]. Chinese Journal of Rare Metals, 2019, 43(6): 598.

[98] Shi Z X, Liu S Z. Influence of Al content on microstructure and stress rupture properties a Ni-base single crystal superalloy [J]. Nonferrous Metals Science and Engineering, 2019, 10(2): 77.

[99] Huang A H, Cui S S, Wang S G, et al. Development overview of nickel-based single crystal superalloys [C]. The 12th National Foundry Annual Conference and 2011 China Foundry Activity Week, 2011.

[100] Chen X, Qi Y G, Shi X N, et al. Behaviors and model of dynamic recrystallization of nickelbased superalloy IN718Plus [J]. Chinese Journal of Rare Metals, 2019, 43(12): 1260.

[101] Liang X G, Wang C, Zhang J. Effect of pre-stretching on creep deformation, microstructure and properties

of Al-Cu-Li alloy [J]. Journal of Plasticity Engineering, 2020, 27(6): 141.

[102] Wang R Q, Zhang B, Hu D Y. Creep constitutive model of Ni_3Al-based single crystal superalloy [J]. Journal of Aerospace Power, 2018 (3): 657.

[103] Hao Z B, Tian T, Li X G, et al. Microstructure and mechanical properties of powder metallurgy superalloy FGH4096 fabricated by selective laser melting [J]. Chinese Journal of Rare Metals, 2020, 44(5): 476.

[104] Li M, Song J X, Li S S. Effects of boron and carbon contents on long-term aging of Ni_3Al-base single crystal alloy IC6SX [C]. Abstracts of 2011 Chinese Materials Conference, 2011.

[105] Li Y F, Wang L, Zhang G, et al. Creep anisotropy of a 3rd generation nickel-base single crystal superalloy at 850℃ [J]. Materials Science and Engineering, 2019, 760(8): 26.

[106] Ling Z Y, Xiao G F, Xia Q X, et al. Research on deep drawing spinning forming mechanism of conical-cylindrical part of Ni-based superalloy [J]. Forging & Stamping Technology, 2020, 45(2): 100.

[107] Jiang L W, Dou X Z, Wu M L, et al. Microstructure and heat treatment for Ni_3Al-based single crystal alloy with different crystal orientations [J]. Progress in Natural Science: Materials International, 2020, 30 (4): 533.

[108] Liu J, Li J, Hage S F, et al. Correlative characterization on microstructure evolution of Ni-based K403 alloy during thermal exposure [J]. Acta Materialia, 2017, 131: 169-186.

[109] Chen J Y, Cao L M, Xue M, et al. Microstructure and stress rupture property of an experimental single crystal Ni-base superalloy with different heat treatments [J]. Rare Metals, 2014, 33(2): 144.

[110] Huang M X, Wang D C, Luo X, et al. Forging process and microstructure control for alloy GH4169 stator blade with little allowance and small size [J]. Forging & Stamping Technology, 2020, 45(1): 41.

[111] Liu G, Liu L, Han Z H, et al. Solidification behavior of Re- and Ru-containing Ni-based singlecrystal superalloys with thermal and metallographic analysis [J]. Rare Metals, 2017, 36(10): 792.

[112] He W W, Yang C P, Yan X X, et al. Study on dynamic recrystallization behavior and microstructure evolution of GH4169 superalloy [J]. Journal of Plasticity Engineering, 2020, 27(9): 174.

[113] An W R, Zheng W W, Zheng Y R, et al. Overheating effect on microstructure and tensile property of directionally solidified DZ125 superalloy [J]. Chinese Journal of Rare Metals, 2020, 44(10): 1010.

[114] Shi Z X, Zhao J Q. High cycle fatigue properties of a single crystal superalloy at different temperatures [J]. Nonferrous Metals Science and Engineering, 2019 (3): 58.

[115] Gao Q, Gong Y D, Zhou Y G. Experimental study on surface roughness in micro-milling of single crystal Ni_3Al-based superalloy [J]. China Mechanical Engineering, 2016, 27(6): 801.

[116] Han G M, Yu J J, Sun X F, et al. Anisotropic stress rupture behavior of a nickel-base single crystal superalloy [J]. Rare Metal Materials and Engineering, 2011, 40(4): 673.

[117] Su Y, Tian S G, Yu H C, et al. Microstructure evolution and its effect on creep behavior of single crystal Ni-based superalloys with various orientations [J]. Materials Science and Engineering A, 2016, 668: 243.

[118] Zhang Z K, Wang B Z, Liu D S, et al. Creep properties and fracture mechanism of DD6 [J]. Journal of Materials Science and Engineering, 2012, 30(3): 375-379.

[119] Prasad N E, Wanhill R J H. Aerospace Materials and Material Technologies [M]. Singapore: Springer, 2017.

[120] Liu C, Liu X G, Zhang X Y, et al. Microstructure and properties of spinning ultra-thin wall C-276 alloy tubes with solution treatment [J]. Chinese Journal of Rare Metals, 2018, 42(1): 45.

[121] Zuo Z, Guo S L, Zhang W W, et al. Rheological be havior and microstructure of super alloy GH4698 during deformation [J]. Forging & Stamping Technology, 2020, 45(1): 193.

[122] Zhang C, Zhang L, Shen W, et al. The processing map and microstructure evolution of Ni-Cr-Mo-based C276 superalloy during hot compression [J]. Journal of Alloys and Compounds, 2017, 728: 1269.

[123] Hashim M, Babu K E S R, Durasiselvam M, et al. Improvement of wear resistance of Hastelloy C-276 through laser surface melting [J]. Materials and Design, 2013, 46: 546-551.

[124] Gao Y B, Ding Y T, Chen J J, et al. Controlling Σ3n grain boundary distribution in GH3625 alloy [J]. Chinese Journal of Rare Metals, 2020, 44(7): 673.

[125] Shi P, Hu R, Zhang T, et al. Grain boundary character distribution and its effect on corrosion of Ni-23Cr-16Mo superalloy [J]. Materials Science and Technology, 2017, 33(1): 84.

[126] Cao Y, Di H, Zhang J, et al. An electron backscattered diffraction study on the dynamic recrystallization behavior of a nickel-chromium alloy (800H) during hot deformation [J]. Materials Science and Engineering A, 2013, 585: 71.

[127] Prithiv T S, Bhuyan P, Pradhan S K, et al. A critical evaluation on efficacy of recrystallization vs. strain induced boundary migration in achieving grain boundary engineered microstructure in a Ni-base superalloy [J]. Acta Materialia, 2018, 146: 187.

[128] Liu T, Xia S, Zhou B, et al. Effect of initial grain sizes on the grain boundary network during grain boundary engineering in Alloy 690 [J]. Journal of Materials Research, 2013, 28(9): 1165.

[129] Wang J F, Sun Q J, Wang H, et al. Effect of location on microstructure and mechanical properties of additive layer manufactured Inconel 625 using gas tungsten arc welding [J]. Materials Science and Engineering A, 2016, 676: 395.

[130] Jiang Z J, Wang J, Cao D M. Research progress in nickel base single crystal superalloys [J]. Key Engineering Materials, 2020, 6033: 113-121.

[131] Sun X F, Jin T, Zhou Y Z, et al. Research progress of nickel-base single crystal superalloys [J]. Materials China, 2012, 31(12): 1-11.

[132] Zhang B, Wang R Q, Hu D Y, et al. Constitutive modelling of ratcheting behaviour for nickel-based single crystal superalloy under thermomechanical fatigue loading considering microstructure evolution [J]. Int J International Journal of Fatigue, 2020, 139.

[133] Wu J J, Jiang X W, Wang Y, et al. Effects of Ta on microstructural stability and mechanical properties of hot corrosion resistant Ni-based single crystal superalloys during long-term thermal exposure [J]. Materials Science and Engineering A, 2021, 806.

[134] Lychagin D, Gershtein G, Fedoseyev S, et al. Distribution of alloying elements in γ-and γ′-phases of heat-resistant alloy PWA 1480 [J]. Applied Mechanics and Materials, 2013, 2585(379): 149-153.

[135] Li P, Jiang W, Rui S S, et al. Effect of misorientation on the fatigue life of nickel-base single crystal superalloy DD5 at 980℃ [J]. International Journal of Fatigue, 2021, 153.

[136] Fan Y S, Yang X G, Shi D Q, et al. A quantitative role of rafting on low cycle fatigue behaviour of a directionally solidified Ni-based superalloy through a crosscorrelated image processing method [J]. International Journal of Fatigue, 2020, 131 (C).

[137] Li Y, Wang L, Zhang G, et al. Creep anisotropy of a 3rd generation nickel-base single crystal superalloy at 850℃ [J]. Materials Science and Engineering A, 2019, 760: 26-36.

[138] Wang Q J, Wu Y D, Chen J B, et al. Enhancement of high temperature low cycle fatigue lifetime of PWA 1484 superalloy artificial bicrystals via boron-induced grain boundary strengthenin [J]. International Journal of Fatigue, 2022, 165.

[139] Barnett R, Mueller S, Hiller S, et al. Rapid production of pillar structures on the surface of single crystal CMSX-4 superalloy by femtosecond laser machining [J]. Optics and Lasers in Engineering, 2020, 127.

[140] Xuan W D, Song G, Duan F M, et al. Enhanced creep properties of nickel-base single crystal superalloy CMSX-4 by high magnetic field [J]. Materials Science and Engineering: A, 2020, 803.

[141] Sun J Y, Yang S, Yuan H. Assessment of thermo-mechanical fatigue in a nickelbased single-crystal superalloy CMSX-4 accounting for temperature gradient effects [J]. Materials Science and Engineering: A, 2021, 809.

[142] Zhao Y S, Liu Y F, Zhao J X, et al. Creep properties and microstructural evolution at 760℃/785MPa of a Re-containing single crystal superalloy [J]. Materials Science Forum, 2019, 4734: 8-12.

[143] Lv P S, Liu L R, Zhao G Q, et al. Creep properties and relevant deformation mechanisms of two low-cost nickel-based single crystal superalloys at elevated temperatures [J]. Materials Science and Engineering: A, 2022, 851.

[144] Chen J B, Huo Q Y, Chen J Y, et al. Tailoring the creep properties of second-generation Ni-based single crystal superalloys by composition optimization of Mo, W and Ti [J]. Materials Science and Engineering: A, 2021, 799.

[145] Lv X Z, Zhang J X, Harada H. Twin-dislocation and twin-twin interactions during cyclic deformation of a nickel-base single crystal TMS-82 superalloy [J]. International Journal of Fatigue, 2014, 66: 246-251.

[146] Graverend J, Cormier J, Gallerneau F, et al. A microstructure-sensitive constitutive modeling of the inelastic behavior of single crystal nickel-based superalloys at very high temperature [J]. International Journal of Plasticity, 2014, 59: 55-83.

[147] Yue Q Z, Liu L, Yang W C, et al. Research progress of creep behaviors in advanced Ni-based single crystal superalloys [J]. Materials Reports, 2019, 33 (2): 479-489.

[148] Jiao H B, Mo S. Present status and development trend of aircraft turbine engine [J]. Aeronautical Manufacturing Technology, 2015, 12: 62-65.

[149] Zhang J, Wang L, Wang D, et al. Recent progress in research and development of nickel-based single crystal superalloys [J]. Acta Metallurgica Sinica, 2019, 55(9): 1077-1094.

[150] Liu L, Meng J, Liu J L, et al. Effects of crystal orientations on the cyclic deformation behavior in the low cycle fatigue of a single crystal nickel-base superalloy [J]. Materials and Design, 2017, 131: 441-449.

[151] Li F, Zhang Y L, Wu Z Y, et al. Fatigue crack initiation and propagation behavior of nickel-based single crystal DD6 under different drilling processes [J]. Materials Science and Engineering: A, 2022, 831.

[152] Zhao Z, Liang Z, Li Q, et al. Crack initiation and propagation behaviour under hightemperature very-high-cycle fatigue: Directionally solidified columnar-grained vs single-crystal superalloys [J]. Materials Science and Engineering: A, 2022, 836.

[153] Shi Z X, Hu Y T, Liu S Z. Low cycle fatigue properties of nickel base single crystal superalloy at different temperatures [J]. Mechanical engineering materials, 2021, 45(3): 16-20+28.

[154] Liu C K, Yang S, He Y H, et al. Fracture features of single crystal superalloys [J]. Failure Analysis and Prevention, 2010, 5(4): 225-230.

[155] Shi Z X, Li J R, Liu S Z, et al. Low cycle fatigue behavior of a second generation single crystal superalloy DD6 at high temperature [J]. Transactions of Materials and Heat Treatment, 2011, 32(5): 41-45.